数学が好きになる 数の物語 **100** 話

コリン・スチュアート＝著　竹内 淳＝監訳　赤池ともえ＝訳

NEWTON PRESS

MATHS IN 100 NUMBERS by COLIN STUART
© 2016, Quid Publishing, an imprint of the Quarto Group
Japanese translation rights arranged with Quarto Publishing Plc., London
through Tuttle-Mori Agency, Inc., Tokyo

数学が好きになる 数の物語 100 話

はじめに

　人々は数学によって二つのグループに引き裂かれます，「好き」と「嫌い」に。学校の教科の中で，これほどはっきり好き嫌いが分かれるものはほかにはないでしょう。「数って苦手」「自分は数学に向いてない」と，早々にあきらめてしまった人もたくさんいるはずです。でも実は，数学は語学に似ているのです。

　新しい言語を覚えるのと同じで，数学を学ぶときにもちょっとの頑張りは必要ですが，その頑張りですばらしい恩恵が得られます。というのも，数学は自然（宇宙）を表す言語だからです。宇宙の本質は数学でできています。数学の基本的な知識を身につければ，信じられないくらい強力なツールが手に入り，私たちを取り巻く複雑な世界に堂々と立ち向かえるようになります。

　人類が数を使いはじめたのは，何万年も前のことでした。それから長い年月をかけて，数学という炭鉱から石炭を少しずつ掘り出すように，たくさんの秘密が解き明かされてきました。動物の骨や粘土板に初歩的な数を刻むところからはじまり，やがて三角形や幾何学の知識を用いることで古代の巨大な建造物が築かれました。世界の七不思議といわれるピラミッドなどがまさにそれです。そして現代では，0と1の数字の列を操ることで，最先端のテクノロジーが生み出されています。

　この探求の旅に終わりはありません。高性能コンピューターの登場によって，何世紀ものあいだ謎とされてきた数学のミステリーが解き明かされるようになりました。ただ，それもごくごく最近のことです。しかも，未解決の問題はまだまだあって，解決の糸口を発見すれば多額の懸賞金が期待できるそうです。

　無機質な計算だけが数学のすべてではありません。数学は楽しめるのです。本書には，レクリエーション的な数学のパズルがたくさん散りばめられています。数の持つ不思議な性質に触れ，純粋に楽しんで，数学の美しさを感じていただけたらと願っています。なにしろ数学は「科学の女王」なのですから。

記号について

　数学では頻繁に記号が使われますが，その中にはなじみのあるものもあれば，そうでないものもあります。たとえば，誰もが知っている＋，－，×，÷は，足し算（加算），引き算（減算），掛け算（乗算），割り算（除算）という基本的な演算に使われます。

　本書を読み進めていくうちに，なじみのない記号が出てくるかもしれません。そのつど説明しますが，ここでもあらかじめいくつか紹介しておきます。

記号	名称	意味
$\sqrt{\ }$	平方根	1/2乗を表す
Σ	シグマ	数列の和を表す
$\int$	積分	積分の演算を表す
！	階乗	「！」が添えられた数から1までのすべての整数を掛けた積を表す
≠	等号否定	「等しくない」ことを表す

0

加法単位元

　人類が数を使いはじめたのは大昔ですが，長いあいだ，0（ゼロ）という数は存在していませんでした。そもそも数が発明されたのは，物々交換のときにものを数えるためです。そうした場面では，大きさをつかむ感覚が欠かせません。「ヤギ2頭とブタ1頭を交換しよう」などと持ちかけていたのでしょう。1と2という数なら取引になりますが，ヤギ0頭とブタ0頭の交換では取引にはなりません。

　数の中にはじめて0が忍び込んだのは，桁を増やすための記号としてでした。今,世界中で使われている数の表し方——インド・アラビア記数法といいます——は後で見るように非常に合理的です（92ページ参照）。ある数の末尾に0を一つ置くだけで，その10倍の数を表せるのが特徴です。「1」が「10」になり，それが「100」になり,さらに「1000」になるといった具合です。ただし,

▲ インドの数学者ブラーマグプタ
は，628年に，数としての0の概念
をはじめて考察しました。

最初のころはこの0は桁を増やすための単なる道具にすぎず，0自体は数として扱われていなかったのです。

数えるだけじゃない

　0自体が数としてとらえられるようになったのは,7世紀に入ってからのことでした。インドの数学者・天文学者であるブラーマグプタは，628年に著した『ブラーマ・スプタ・シッダーンタ（宇宙のはじまり）』の中で，0のルールをはじめて定義しました。

　ある数に0を足したり，ある数から0を引いたりしても，その数は変化しません。言い方を変えれば，0はその数に影響を与えません。現代の数学者は，このような0を加法単位元と呼んで

います。また，ある数に0を掛けると0になりますが，これは，無が二つあったとしても無のままということです。

　ところが，ある数を0で割るとなると，問題はずっと難しくなります。ブラーマグプタも試みたものの，正しい答えを得られませんでした。そこでこの「1/x」という除算について考えてみましょう。xの値をどんどん小さくしていくと，1/xの値はどうなるでしょうか。

xの値	1/xの値
2	0.5
1	1
0.5	2
0.25	4
0.1	10
0.01	100
0.001	1000

　ご覧のとおり，xが0に近づくほど，1/xの値は大きくなっていきます。ということは，1/0＝∞だと考えられそうですが（∞は「無限大」を示す記号），実はそれは間違っています。第一に，無限大は数ではなく概念です（168ページ参照）。第二に，「2/x」で同じことを試してみると，同じように2/0＝∞という結論にたどりつくのです。1/0と2/0の解が同じだとすれば，1＝2というありえない等式が成り立ってしまいます。ブラーマグプタも，この点につまずきました。

　第三に，この除算の結果が∞になるのは，xの値を正の数から始めたときだけです。先ほどの表に戻って，左の列をすべて負の数に書き換えてみてください。もうおわかりですね。結果は−∞になります。

　このような理由から，数学者たちはゼロ除算の結果を「未定義」と表現しています。ちなみに，この計算を電卓で解こうとしても，「ERROR（エラー）」と表示されるだけです。

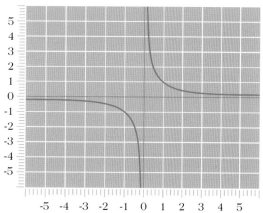

▼ 1/xと−1/xのそれぞれでxの値を0に近づけたときのグラフ。ゼロによる除算の問題点が現れています。

1

乗法単位元

　1という数は，最も身近な数と言っても過言ではありません。数学者のあいだでは，この「イチ」以外にもさまざまな呼び名が使われています。たとえば，ある数に1を掛けても変化しない──1はその数に影響を与えない──ことから，「乗法単位元」と呼ばれることがあります。0が加法単位元と呼ばれているのも，これと同じような理由です（10ページ参照）。この1は単に「単位元」と呼ばれることもあります。

　また，1は最初の「自然数（次ページのコラム参照）」でもあります。ものを数えるときのはじめの数ということです。しかし，数を使いこなすには自然数だけでは足りません。10を3で割ろうとしたら？　自然数では表現できませんね。2から5を引く場合はどうでしょう？　やはり自然数の範囲を超えてしまいます。そうした概念を表現するために，数はいくつかの種類に分けられています（次ページのコラム参照）。

　1には多くの働きがありますが，実用性という意味で最も役に立つのは，何らかのデータのまとまり（データセット）を正規化（規格化ともいう）するときでしょう。データセット1とデータセット2というまとまりがあり，それぞれのデータを比較したいとします。セット1には「12から121まで」の数値が含まれていて，セット2には「3から83まで」の数値が含まれています。二つのセットは数値の分布範囲が異なるので，単純に並べて比べることはできません。しかし，「正規化」という処理を行えば，簡単に比較できるようになります。正規化とは，両方のセットの数値の範囲が「0から1まで」となるように変換することです。次のような式で計算します。

$$\frac{x-A}{B-A}$$

　xは正規化したい方のセットに含まれる数値，AとBはそのセットの最小値と最大値です。たとえば，セット1に73という数値がある場合，正規化すると次のようになります。

数の種類

自然数（ℕ）　ものを数えるときの一般的な数（1，2，3，4，…）

整数　自然数に0が加わったもの（0，1，2，3，…）

整数（ℤ）　すべての自然数，0，マイナス符号をつけた自然数のすべてを合わせたもの（−2，−1，0，1，2，…）

有理数（ℚ）　0以外の二つの整数の比で表される数（0.75 = ¾ など）

無理数　0以外の二つの整数の比で表せない数（π など）（30ページ参照）

超越数　小数点以下の数字が繰り返されることなく，無限に続いていく数（e など）（22ページ参照）

実数（ℝ）　虚数（下記参照）でない数。整数，有理数，無理数，超越数のすべてを合わせたもの

虚数　虚数単位 i（$i = \sqrt{-1}$）を含んだ数（102ページ参照）。0は実数かつ虚数とみなされる

複素数（ℂ）　実部と虚部を持った数（$3 + 2i$ など）（102ページ参照）

$$\frac{73 - 12}{121 - 12} = \frac{61}{109} = 0.56$$

同様に，セット2に59という数値がある場合，正規化すると次のようになります。

$$\frac{59 - 3}{83 - 3} = \frac{56}{80} = 0.7$$

これで比較しやすくなりました。数値としては73より59の方が小さいのですが，セットの中の位置としては，セット1の73よりセット2の59の方が上位にいることがわかりました。

1.306…

ミルズ定数

　素数は，数学にとっての土台となる数です（20ページ参照）。数学者たちは昔から，素数の見つけ方の研究に魅せられてきました。数学者ウイリアム・H・ミルズもその一人で，1947年に，素数を生成する方法を考え出しました。素数は，次のような公式によって求められます。

$$\lfloor A^{3^n} \rfloor$$

　式を囲んでいるカッコのような記号は「床関数」と呼ばれ，解の小数点以下を切り捨てて整数にするという意味を持ちます（[　]が使われることもあります）。ミルズが発見したAの値を使えば，nに1を代入，2を代入，3を代入……と続けるだけで，素数を次々に生み出せます。Aの値である1.3063（小数点第4位未満を切り捨て）は，ミルズ定数と呼ばれています。

　実際に試してみましょう。まず，$n=1$の場合には，単に1.306^3（「3乗」と読みます）なので，計算すると2.229になります。小数点以下を切り捨てると2になり，最初の素数が取り出せました。$n=2$の場合，1.3063$^{3^2}$はすなわち1.3063^{9}なので，計算すると11.076になります。この11はまたしても素数です。この式ですべての素数を生成できるわけではありませんが（3，5，7が抜けています），それでも，素数を生成するには十分実用的だといえます。

　ただし，この式が本当に正しいかどうかは，リーマン予想と呼ばれる仮説が正しいかどうかにかかっています。リーマン予想とは，素数の並び方に関する予想です。ドイツの数学者ベルンハルト・リーマンが提示したため，こう呼ばれるようになりました。この予想はいまだ証明されておらず，あまたの数学者が挑戦しては挫折しています。証明に成功した人物には，100万ドルの賞金が贈られることになっています（153ページ参照）。

$\sqrt{2}\,(1.414\cdots)$

ピタゴラスの定数

　学校を卒業するまでに，もしも数学で何か一つしか学べないとしたら，おそらくピタゴラスの定理が選ばれるでしょう。ピタゴラスの定理とは，「直角三角形の最も長い辺の長さ c の2乗は，ほかの二辺の長さ（a と b）の2乗の和に等しい」というものです。式を見る方が簡単で，$c^2 = a^2 + b^2$ です。

　直角三角形（角の一つが90°の三角形）を思い浮かべてみてください。短い二辺はどちらも長さが1だとします。ピタゴラスの定理に当てはめると，最も長い辺（「斜辺」といいます）の2乗は，$1^2 + 1^2$ に等しいことから2です。すなわち，2の平方根が斜辺の長さということです。2の平方根は1.41（小数点第2位未満を切り捨て）という値で，ピタゴラスの定数と呼ばれています。この数は代表的な無理数なので，小数点以下は不規則に，無限に続きます。無理数は分数でもすっきりとは表せません。

古代の発見

　ピタゴラス（紀元前569頃〜紀元前500頃）は，歴史上で最も有名な数学者の一人ですが（17ページのコラム参照），この定理をはじめて見つけた人物ではありません。実のところは，4世紀に入るまで，ピタゴラスの定理とは呼ばれていませんでした。ピタゴラスが登場する千年以上前の古代バビロニアの粘

▼プリンプトン322と呼ばれる古代バビロニアの粘土板。紀元前1800年には，すでにピタゴラスの定理の内容を人々が認識していたことがわかります。

土板には，斜辺の長さの求め方が残されているだけでなく，$\sqrt{2}$（「ルート2」と読みます）の近似値が小数点以下の数桁まで記されています。

　それなら，どうしてピタゴラスの定数と呼ばれているのでしょうか？　どうやら，すべての直角三角形でこの関係が成立することを最初に証明したのがピタゴラスだったようです。ピタゴラスが研究を書き残したがらなかったせいで，正確な発見方法はいまだに謎ですが，おそらく，幾何学——図形を扱う数学の一分野——を用いたのでしょう。

　短い二辺の長さが3と4の直角三角形で考えてみましょう。ピタゴラスの定理が正しいとすれば，三辺の長さの関係は$5^2 = 3^2 + 4^2$ですから，斜辺の長さは5になるはずです。確認のために，この三角形の短い二辺に二つの正方形を描いてみます。一つ目の正方形は面積が3×3なので9，二つ目の正方形は面積が4×4なので16になります。さらに，斜辺に正方形を描いてみると，面積は25，すなわち16＋9になりました。

　この3，4，5のように，ピタゴラスの定理を満たす一組の数をピタゴラス数と呼びます。建築の分野では，ピタゴラス数が大いに力を発揮します。たとえば，古代エジプト人は，12本の縄をつないで12か所の結び目のある一つの輪にして使っていました。結び目同士の間隔が等しくなるようにつないでおき，この縄で三角形をつくるのです。最初の辺に結び目が3個，次の辺に4個，最も長い辺に5個となるように置けば，完璧な直角三角形をつくれます。

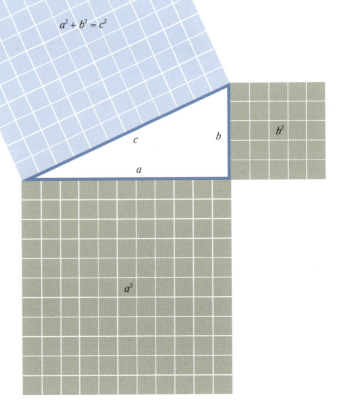

正確な手法は不明ですが，ピタゴラスは直角三角形の各辺に正方形を描くことで，ピタゴラスの定理を証明したと考えられています。

16

ピタゴラス（紀元前569頃～紀元前500頃）

　ギリシャのサモス島の出身。現代人がイメージする理性的な数学者や科学者とはほど遠い人物だったようです。神秘主義者だったピタゴラスは，ピタゴラス学説という教義を唱え，ピタゴラス教団を結成しました。彼の名を冠する定理の証明に至った際に100頭の雄牛をいけにえとして神に捧げたとか，弟子たちは死者の魂がこもっているとして豆を極端に恐れたなど，多くの伝説が残されています。

　ピタゴラスは，校舎に「万物は数である」と刻んだ石碑を掲げるほど，数の美しさ，とくに整数の美しさを崇拝していました。そのため，$\sqrt{2}$ が無理数であること——愛する整数の比で表せないこと——を発見した教団はひどく動揺し，無理数を「口にしてはならない言葉」に定めました。ピタゴラス学派の哲学者ヒッパソスが，無理数の存在を世間に公表しようとした矢先に，海で謎の溺死を遂げたという伝説もあります。

現代の活用法

　こうした発見は，現代でもさまざまな場面で活かされています。たとえば，1980年頃に，アメリカの電気工学者ロバート・メトカーフは，のちにメトカーフの法則と名づけられる論理を提唱しました。ネットワーク（電気通信網など）の価値は，ユーザー数の2乗に比例するというものです（たとえば5台の電話のネットワークでは相互に5×5＝25回線分の通信が可能になり，3台の電話のネットワークの3×3＝9回線分の価値より高い）。この法則の妥当性には検証の余地もありますが，ピタゴラスの定理の助けを借りると，次のような面白い推定も引き出せます。

　7人のユーザーを持つ単独のネットワークと，4人のネットワークと，3人のネットワークを思い浮かべてみてください。ピタゴラスの定理とメトカーフの法則を組み合わせると，$4^2 + 3^2 = 5^2$ と表すことができます。これは，4人と3人の別々のネットワークに合計7人のユーザーがいるよりも（価値は 5^2），ユーザーが7人の単独のネットワークの方が（価値は 7^2），価値が高いことを示しています。FacebookやTwitterなどのソーシャルネットワークでは，ユーザー数の増加に伴って価値がどう向上するかを見積もる際に，メトカーフの法則が活用されています。

φ（1.618…）

黄金比

　13世紀のこと，ピサのレオナルド——通称フィボナッチ（次ページのコラム参照）——は，有名な数列が載っている数学書を著しました。その数列「0，1，1，2，3，5，8，13，21，34，55，…」は，フィボナッチ数列と呼ばれるもので，隣り合う二つの項の和で直後の項がつくられています。この和を直前の項で割る，つまり「比」を求めてみると，面白いことが起こります。項の値が大きくなればなるほど，その比が「1.618…」に近づいていくのです。

　実際に証明したのは，数世紀後のドイツの天文学者・数学者であるヨハネス・ケプラー（74ページ参照）でした。1.618で始まるこの数は「黄金比」と呼ばれ，記号φ（「ファイ」と読みます）で表されます。正確には$(1+\sqrt{5})/2$という値です。

　黄金比の概念そのものは，それよりずっと前から存在していました。紀元前308年，ユークリッドが著した有名な数学書『原論』の中で，黄金比の定義がはじめて示されました（37ページ参照）。古代ギリシャでは黄金比が重んじられていて，パルテノン神殿などの偉大な建造物が黄金比にもとづいて建てられたといわれています。

　一方で，こうした説を単なるこじつけだとする見方もあります。現代人ははっきりした根拠もないまま，過去の偉業を過大評価しているのかもしれません。レオナルド・ダ・ヴィンチの『ウィトルウィゥス的人体図』が黄金比で描かれているという説もその一つです。ただ，妄信的な黄金比ファンがいることもまた事実ですが。

▼フィボナッチの螺旋。90°回転するごとに約φ倍ずつ中心から離れます。

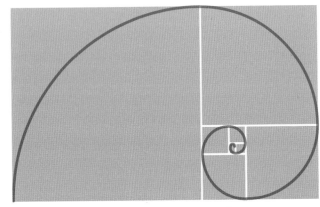

フィボナッチ（1170頃～1250頃）

　イタリアのピサの出身。1202年に発表した『算盤の書』の中で，フィボナッチ数列について記したほか，インド・アラビア記数法をはじめてヨーロッパに紹介しました（92ページ参照）。少年時代に父親とアルジェリアを訪れた際，インド・アラビア記数法に出会ったといわれています。

　有名なフィボナッチ数列は，フィボナッチがウサギの繁殖の仕方から着想したものです。もっとも，フィボナッチ数列として知られるようになったのは，19世紀に入ってからのことでした。

オウムガイの中には見られない

　自然界にはφがあふれているといわれています。代表的な例は，軟体動物の一種であるオウムガイの貝殻ですが，貝殻とφのあいだにどんな関係があるのでしょうか。それを探るため，フィボナッチの長方形を見てみましょう。

▲ オウムガイの貝殻は対数螺旋を描いていますが，回転ごとの倍率は黄金比にはなりません。

　フィボナッチの長方形をつくるには，一辺の長さがフィボナッチ数列の項と等しい正方形を描き，そこに，各項を一辺とする正方形をどんどん組み合わせていきます。さらに，各正方形の内側に円の1/4の弧を描きます。そうして現れた螺旋に沿って円を1/4ずつ回転させると，螺旋上の各点は約1.618倍ずつ中心から離れていくのです。ただし，これはあくまで近似値です。フィボナッチ数列の項の比は，極限値でしかφになりません。

　一定の回転ごとに定数倍ずつ中心から離れていくような螺旋は，「対数螺旋」と呼ばれています。もし定数倍が正確にφと一致するなら「黄金螺旋」です。オウムガイなどの生き物の貝殻は，確かに対数螺旋で形づくられているのですが，螺旋が中心から離れていくときの倍率は，実はφではありません。一方で，プラトンの立体（36ページ参照）の大きさをはじめ，数学界にφはあふれています。

2

最小の素数

　数学者にとっての素数とは，大工にとってのレンガのようなものです。数学の世界は，すべてが素数をもとにしてつくられています。

　素数とは，1とその数以外では割り切れない数のことです。つまり，割り切る数を二つだけ持っています。1は，割り切る数が一つ（1自身）しかないため，素数ではありません。0は逆に，自分以外のすべての数で割り切れるため（11ページ参照），やはり素数ではありません。必然的に，2が最小の素数ということになり，しかも，ほかの偶数はどれも2で割り切れることから，2は唯一の偶素数でもあるわけです。

　素数でない数は，「合成数」と呼ばれます。6＝2×3や99＝3×3×11のように，素数という「レンガ」を二つ以上掛け合わせてつくられる数という意味です。こうしたレンガは「素因数」と呼ばれています。後の章で紹介しますが，数学者たちは未知の素数を見つけるべく，また，ある数が素数か合成数かを見極めるべく，さまざまな方法を生み出してきました。

無限に存在する素数

　では，素数は何個あるのでしょうか。実は，紀元前300年頃の数学者ユークリッドは，著書『原論』（37ページ参照）の中で，素数が無限個ある──そのリストに終わ

素数かどうかを簡単に調べるいくつかの方法

　ある数の各桁を合計して，その答えが3で割れる場合には，もとの数も3で割れるという関係があります。たとえば，351で試してみると3＋5＋1＝9となり，答えが3で割れるため，351も3で割れるので，素数ではありません。

　末尾が5の数は必ず5で割れるため，5そのもの以外は素数ではありません。同様に，末尾が0の数は10で割れるため，やはり素数ではありません。

りはない——ということを証明しました。ここでも実際に証明してみましょう。数学で使われる「背理法」という証明法で，逆が偽（ぎ）であることを示せばよいのです。

　まずは，素数が有限個しかないと仮定します。もしそうなら，すべての素数をリストアップできるはずです。一つ目の素数はp_1，二つ目はp_2，三つ目はp_3と続けていき，最後の素数をp_nとします。次に，リストアップした素数をすべて掛け合わせ，それに1を足した数をQとします。

　このQは素数か合成数のどちらかとなるはずで，それ以外の可能性はありません。Qが素数だとすれば，先程のリストに含まれない数が得られたわけですから，リストは完成させられないということになります。Qが合成数だとすれば，前のページの6や99のように，素因数の積で表せるはずです。ところが，もともと「Q＝存在するすべての素数の積＋1」ですから，リストアップされた素数ではQを割り切れません。よって，この合成数を表すには，さらに別の素数が必要になります。ここから得られる結論は一つです。リストにない素数が存在するはずであり，リストを完成させることは不可能です。したがって，「素数が有限個しかないという仮定」は偽であり，素数は無限に存在します。

1	**2**	**3**	4	**5**	6	**7**	8	9	10
11	12	**13**	14	15	16	**17**	18	**19**	20
21	22	**23**	24	25	26	27	28	**29**	30
31	32	33	34	35	36	**37**	38	39	40
41	42	**43**	44	45	46	**47**	48	49	50
51	52	**53**	54	55	56	57	58	**59**	60
61	62	63	64	65	66	**67**	68	69	70
71	72	**73**	74	75	76	77	78	**79**	80
81	82	**83**	84	85	86	87	88	**89**	90
91	92	93	94	95	96	**97**	98	99	100

▲100以下の素数。ご覧のように散らばり方に規則性がありません。素数のパターンを発見することは，数学者の悲願です。

$e\,(2.718\cdots)$

オイラー数

　オイラー数は，最も有名で，最もよく見かける数の一つです。スイスの数学者レオンハルト・オイラー（次ページのコラム参照）の名に由来しますが，実際に発見したのはオイラーと同郷のヤコブ・ベルヌーイでした。ちなみに，オイラー数に記号eを割り当てたのはオイラーです。

　ベルヌーイは，投資と利息の研究をする中で，オイラー数を発見しました。利息には，単利と複利の2種類があります。単利の場合には，最初の元本のみに利息が支払われます。複利の場合は，それまでに発生した利息に対してさらに利息が支払われます。

　たとえば，元本1ドルを100％の1年単利で運用すると，1年目の終わりに2ドルになります。一方，半年ごとに利息が支払われる複利で運用すると，1年の終わりには2.25ドルになっています。最初の半年で受け取った利息そのもの（0.50ドル）に，次の半年でさらに利息がつくためです。利息の発生周期が短いほど運用の効果は大きくなり，1週間ごとなら2.69ドル，1日ごとなら2.71ドルと，受け取り額が増えていきます。利息の発生周期が短くなるほど，結果がeに近づいていくのです。

　自然対数の底でもある（104ページ参照）オイラー数は，1618年に，ジョン・ネイピアの著書に収録された対数表の中で，はじめて提示されました。ネイピアの方がベルヌーイよりも先に使っていたことになります。とはいえ，ネイピアはこの定数に直接言及した

▼ ヤコブ・ベルヌーイは，複利による投資の利息額と，オイラー数eとの関係性を見出しました。

レオンハルト・オイラー
（1707〜1783）

　「オイラーを読め，オイラーを読め，彼こそ我らすべての師だ」。これはフランスの数学者ピエール＝シモン・ラプラス（1749〜1827）の言葉です。実際，多くの数学者がオイラーを18世紀の最も偉大な数学者とみなしています。また，本書にもたびたび登場しています。

　オイラーは，スイス北部のバーゼルで生まれ，牧師の父親のもと，信仰のあつい家庭に育ちました。わずか13歳で地元の大学に入学すると，たちまち数学的な才能を発揮しました。1727年に，友人のダニエル・ベルヌーイ（ヤコブの甥）の招きでロシアに移り住み，ピョートル大帝によって創設されたばかりのサンクトペテルブルク科学アカデミーにポストを得ました。

　オイラーは，現代の数学に残る多くの表記方法を導入しました。たとえば，関数の利用と $f(x)$ という表記，虚数単位を表す i（102ページ参照），数列の和を表す Σ（159ページ参照），もちろん，オイラー自身の名を持つ数 e もです。

わけでも，名前をつけたわけでもありませんでした（オイラー数はネイピア数とも呼ばれます）。オイラー数は，指数関数（英語でexponential function）にも e^x として現れます。オイラーは指数関数にちなんで記号 e を使いました。指数関数とは，継続的な成長や減衰（複利や放射性崩壊など）を伴う現象を表現するための関数です。

　オイラー数は，重要な数学定数である虚数単位 i（102ページ参照），π（30ページ参照），1，0と並ぶ重みがあり，これらとは「オイラーの等式」である「$e^{i\pi} - 1 = 0$」によって結ばれています。

3

主な三角形の種類

　三角形とは，その名のとおり，三つの内角を持つ二次元図形（多角形）です。一般的に，三つの辺の相対的な長さにもとづいて，3種類に大別されます（各図を参照）。それらの三角形を描く際は，互いに等しい辺には小さな直線の印をつけ，互いに等しい角には小さな曲線の印をつけます。

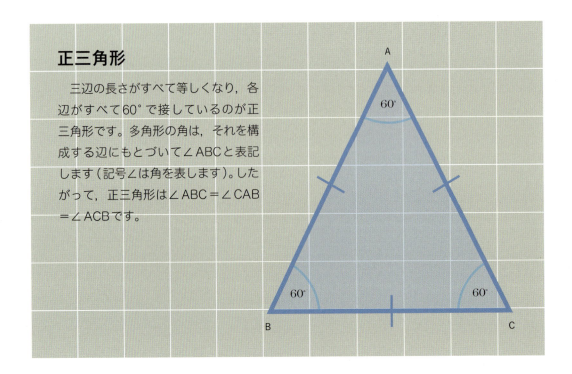

正三角形

　三辺の長さがすべて等しくなり，各辺がすべて60°で接しているのが正三角形です。多角形の角は，それを構成する辺にもとづいて∠ABCと表記します（記号∠は角を表します）。したがって，正三角形は∠ABC＝∠CAB＝∠ACBです。

二等辺三角形

　三辺のうちの二辺の長さが等しくなるのが二等辺三角形です。等しい二辺のそれぞれに向かい合う内角も，互いに等しくなります。この事実を「pons asinorum」というラテン語で呼ぶことがあります。ユークリッドの『原論』(37ページ参照)に記された表現で，「ロバの橋」を意味しています。この定理を証明できない学生は，次のステップに進めないという比喩から，歩みののろいロバの名がついたと考えられています。

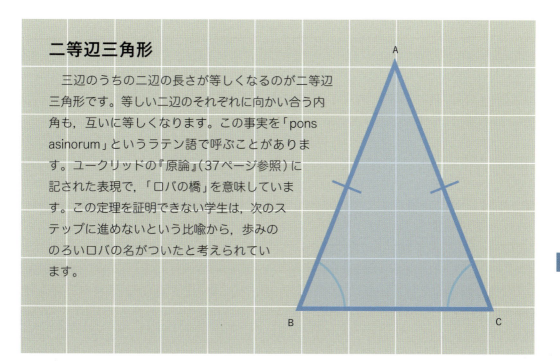

不等辺三角形

　互いに等しい辺がなく，ゆえに，等しい内角も持たないのが不等辺三角形です。正三角形や二等辺三角形とは異なり，小さな直線の印と小さな曲線の印がそれぞれ3種類つけられています。印の本数の違いによって，すべての長さと角度が異なることを示しています。したがって，不等辺三角形は∠ABC ≠∠CAB ≠∠ACBです (記号≠は「等しくない」ことを表します)。

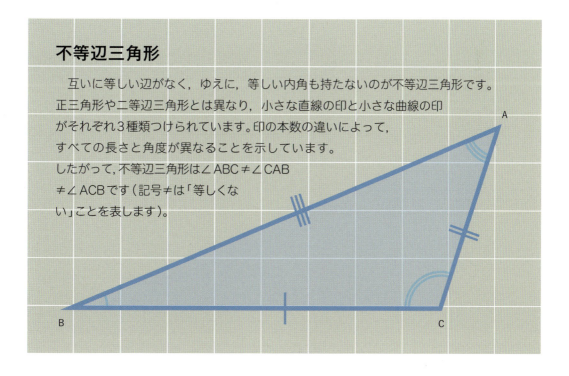

3

最小のメルセンヌ素数

　メルセンヌ素数とは、2の累乗よりも1小さい素数のことで、$M_n = 2^n - 1$という式で表されます。

　たとえば、2^5（「2の5乗」と読みます）なら$2 \times 2 \times 2 \times 2 \times 2 = 32$ですから、32から1を引くと31になります。この31は素数なので、メルセンヌ素数です（M_5と表します）。最小のメルセンヌ素数（M_2）は、$2^2 - 1$から3と求められます。1番目から4番目（3，7，31，127）までは古代ギリシャの数学者によって特定されていましたが、10番目の$2^{89} - 1$は20世紀まで発見されませんでした。

いつも正しいとは限らない

　メルセンヌ素数という呼び名は、フランスの神学者マラン・メルセンヌ（1588〜1648）の名にちなんでつけられたものです。メルセンヌは、$2^n - 1$で素数になる11個を特定したと発表したのですが、実際には、そのうち二つは素数でなかったうえに、三つの素数が漏れていました。

　メルセンヌが素数だと主張した$2^{67} - 1$については、1903年に、アメリカの数学者フランク・コールによって誤りだと証明されました。アメリカ数学会の会合でのことです。コールは無言で登壇すると黒板に向かい、$2^{67} - 1$の値147,573,952,589,676,412,927を計算してみせました。次に、その横に193,707,721 × 761,838,257,287の計算を書きはじめます。その結果は、最初に書かれた値と一致していました。コールはそのまま一言も発することなく、自分の席に戻ったそうです。後日、コールはM_{67}とされる数の因数を特定するまでに「日曜日を3年間」費やしたと告白しています。

3

初等三角関数の個数

ピタゴラスの定理を用いると，直角三角形の辺の長さを求められます（15ページ参照）。ですが，二辺の長さがわからなければ，そもそも計算できません。一辺の長さしかわからないときには，一体どうしたらいいのでしょう？　実は，直角以外のどちらかの角がわかっていれば，ほかの一辺の長さを求められます。わかっているのが二辺の長さなら，角の大きさを求められます。こうした計算は，三角法と呼ばれる数学の一領域です。直角を持たない三角形の場合でも，少し複雑にはなりますが，三角法で角を求められます。

ジョゼフ・フーリエ（1768〜1830）

フランスのオセールで仕立屋の息子として生まれ，9歳で孤児になりました。不遇な生い立ちにもかかわらず，徐々に地位を築いていったフーリエは，ついにはナポレオンの科学顧問として1798年のエジプト遠征に随行するまでになりました。

有名な科学的偉業のきっかけとなったのは，固体内での熱の伝わり方の研究でした。熱源を正弦波と余弦波の和としてモデル化することで，熱伝導方程式の解法を導き出したのです。この波の組み合わせは，フーリエ級数として知られています。

三角法の三角形

　三角法の計算には, 三つの三角関数が使われます。それぞれをサイン（正弦関数），コサイン（余弦関数），タンジェント（正接関数）といい，省略形のsin，cos，tanで表します。また，直角三角形の三辺にも名前がついています（下図を参照）。最も長い辺が「斜辺（英語でHypotenuse）」と呼ばれるのはすでにご存知ですね。短い二辺は, 既知の角（または知りたい角度）との位置関係から，「対辺（Opposite）」または「隣辺（Adjacent）」と呼ばれます。角度はギリシャ文字 θ（「シータ」と読みます）で表します。

　角の大きさや辺の長さを三角法で求める場合，特定の三角関数と特定の二辺が常に一緒に使われれます。sinには対辺と斜辺，cosには隣辺と斜辺，tanには対辺と隣辺がペアになるという決まりです。英語圏では，関数と辺の頭文字を取って「SOH，CAH，TOA（ソーカートア）」と書いたり，語呂合わせで「Some Old Hag Cracked All Her Teeth On Apples（意地悪ばあさんがリンゴをかじったら歯が全部折れた）」と覚える人もいるようです。さて，それぞれのペアは次のように表します。

$$\sin \theta = 対辺（Opposite）/ 斜辺（Hypotenuse）$$
$$\cos \theta = 隣辺（Adjacent）/ 斜辺（Hypotenuse）$$
$$\tan \theta = 対辺（Opposite）/ 隣辺（Adjacent）$$

　これだけではわかりにくいので，図の三角形を例にとって，対辺の長さを計算してみましょう。斜辺が与えられていますから，対辺÷斜辺に等しいsinを使います。すると，次のような式になります。

$$\sin 30° = 対辺/5$$

　関数電卓で計算すると, $\sin 30° = 0.5$ です。対辺を求めるには，これに5を掛ければいいわけですから，対辺の長さは2.5ということになります。斜辺のちょうど半分です。この手順を逆からたどっていけば，角の大きさも計算できます。斜辺が5で対辺が2.5と分かっている場合，角を求める式は次のように表せます。

$$\sin \theta = 2.5/5 = 0.5$$

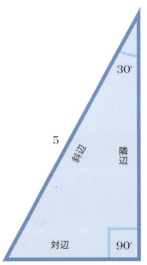

▲ 直角以外の角の一方と三辺の一つがわかっていれば，ほかの辺の長さは三角法で計算できます。

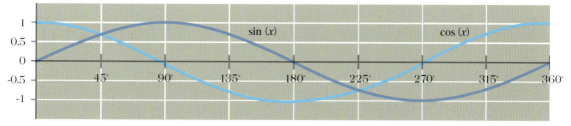

▲ 正弦関数と余弦関数は周期関数なので，その値は360°ごとに一定のパターンを繰り返します。

　このような角の計算には「逆正弦関数」を使います。電卓の「$\sin^{-1}$」というボタンで計算すると，次の結果が得られます。

$$\sin^{-1}(0.5) = 30°$$

三角形だけじゃない

　三つの初等三角関数が活躍するのは，三角形と幾何学だけにとどまりません。角の大きさを0°から360°まで変化させて，そのときの $\sin\theta$ と $\cos\theta$ の値をグラフにすると，波のような曲線が現れます（上のグラフを参照）。この値が360°より大きくなると，同じパターンの繰り返しになることから，正弦関数と余弦関数は「周期関数」とも呼ばれています（正接関数も周期性を持ちますが，波形が多少異なります）。

　一定の波形を繰り返す正弦関数の性質は，物理学や工学において，光や音などの波のようなふるまいをモデル化する際にとくに効果を発揮します。たとえば，電力は交流（AC：alternating current）として家庭に供給されますが，時間の経過に伴う電圧の変化をグラフにすると，正弦波のような波形を描きます（正弦波変動を示すといいます）。また，複雑な周期関数を，もっと簡単な正弦波と余弦波を足し合わせた数列に単純化するという作業も，物理学と工学の分野では頻繁に行われています。このような，複雑な関数を基本的な正弦波などの成分に分解する手法は，フランスの数学者ジョゼフ・フーリエにちなみ（27ページのコラム参照），フーリエ解析と呼ばれています。

π(3.141⋯)

円周率

　ピタゴラスの定理（15ページ参照）と同じように，記号 π（「パイ」と読みます）も中学校の数学の代名詞といえる存在でしょう。円周率とは，円の周囲の長さ（つまり「円周」）と円を横切る長さ（つまり「直径」）の比です。ある円の直径が1センチの場合，その円は約3.14センチの円周を持っていることになります。あえて「約」とつけたのは，π が無理数だからです。小数点以下の桁が永遠に続き，同じパターンは繰り返しません。言い方を変えれば，無理数とは分数を使ってもすっきり表せない数です。

　この比率を π で表すようになったのは18世紀の中頃ですが，比率自体は遅くとも紀元前18世紀には知られていました。1936年に出土した古代バビロニアの粘土板は，紀元前18世紀頃のものと考えられていますが，そこに刻まれた数学的な文字列の中には，25/8（すなわち3.125）という π の近似値がはっきりと見てとれます。実際の値との差はわずか0.5％です。また，紀元前4世紀の天文学者は，339/108という数を使っていましたが，こちらの差はなんとたったの0.09％です。

πの本

　これまでに多くの人が，小数点以下の桁数を計算しようと試みています。コンピューター登場前の最長記録保持者はイギリス出身のウィリアム・シャンクスで，1873年に小数点以下527桁までの手計算に成功しました。その後，コンピューターの発達に伴って桁数も増えていき，

π で面積と体積を求める

　円を使った図形であれば，π を使って面積や体積が求められます。r ＝半径（直径の半分），h ＝高さです。

円の面積 ＝ πr^2
球の体積 ＝ $4/3\, \pi r^3$
球の表面積 ＝ $4\pi r^2$
円柱の体積 ＝ $\pi r^2 h$
円錐の体積 ＝ $1/3\, \pi r^2 h$

ビュフォンの針

　18世紀に，ビュフォン伯ジョルジュ＝ルイ・ルクレールは，一見したところπと関係のなさそうな問題を考え出しました。しかし，その問題を解いてみると，円やその面積や体積にとどまらないところにもπが存在することがわかるのです。

　ビュフォンの問題では，まず，細長い板を平行に並べた床があるとします。その床の上に，板の幅より短い，同じ大きさの針を次々と落としていきます。このとき，落ちた針が板と板の境界線と交差する確率はどのくらいでしょうか？

　x（境界線に交差する針の本数）とn（落とした針の総数）の関連式は，次のようになります。

$$x \approx \frac{2nl}{\pi t}$$

　lには針の長さ，tには板の幅が入ります。

　興味のある方は，実際に実験してみるのもお勧めです。πの近似値を確かめたいので，次のような式に書き換えます。

$$\pi \approx \frac{2nl}{xt}$$

　さあ，数十本の針を用意して，1本ずつ落としていきましょう。落とす針が多ければ多いほど，答えの精度は上がります。

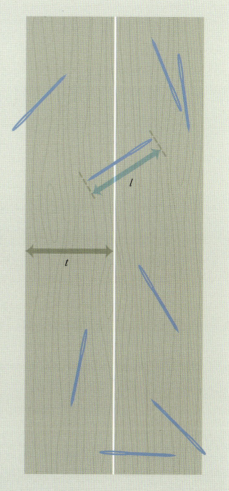

　1989年にはついに10億桁以上に到達しました。現在では，12兆1,000億桁という巨大な桁数まで判明しています（2016年時点）。

　ちなみに，フォントタイプを「Times New Roman」，フォントサイズを「10」，ページサイズを「Letter」に設定した場合，1ページには5,500文字弱が収まるので，両面に印刷したとしても，すべての桁を書き出すためには11億枚もの用紙が必要になります。用紙の厚さは1枚0.05ミリメートルなので，この『πの本』の厚さは約55キロメートルにも及んでしまいます。

4

基本的な図形変換の種類

　数学では，図形をいじって見た目を変えることを変換と呼びます。変換には4通りのやり方があり，それぞれを平行移動，回転移動，対称移動，拡大縮小といいます。変換前の図形は「対象」，変換後の新しい図形は「像」と呼ばれます。平行移動，回転移動，対称移動を行った場合，対象と像は「合同」であるといい，拡大縮小を行った場合は，対象と像が「相似」であるといいます。

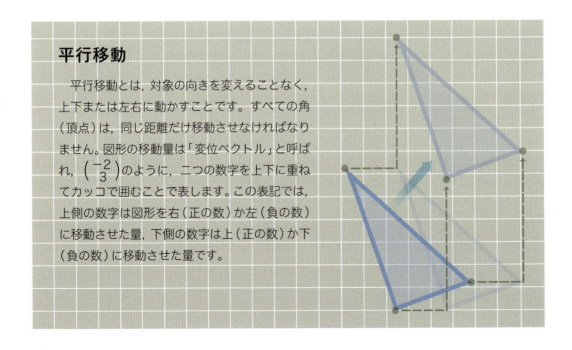

平行移動

　平行移動とは，対象の向きを変えることなく，上下または左右に動かすことです。すべての角（頂点）は，同じ距離だけ移動させなければなりません。図形の移動量は「変位ベクトル」と呼ばれ，$\begin{pmatrix} -2 \\ 3 \end{pmatrix}$ のように，二つの数字を上下に重ねてカッコで囲むことで表します。この表記では，上側の数字は図形を右（正の数）か左（負の数）に移動させた量，下側の数字は上（正の数）か下（負の数）に移動させた量です。

回転移動

回転移動では，固定された1点を中心にして，その周りを対象が移動します。回転量は角度か分数で表します。分数を使う場合は，1回転に対する回転量の割合を示すことになります（1/4，1/2，3/4など）。対象の特定の点から中心までと，像の対応する点から中心までは，常に同じ距離でなければなりません。

対称移動

対称移動とは，名前からもわかるとおり，対象を鏡に映ったような見え方に描き直すことです。図形を反転させるときに軸となる位置，つまり，想像上の鏡を置く位置は，「対称軸」と呼ばれます。対象から対称軸までの垂直距離（直角な方向の距離）と，像から対称軸までの垂直距離は，常に同じでなければなりません。

拡大縮小

図形の大きさを変える場合，大きさをどのくらい増減させるか（「倍率」といいます）だけでなく，拡大・縮小の起点をどこにするか（「原点」といいます）も考える必要があります。原点を置く位置は対象の内側でも外側でもかまいませんが，その位置によって像の見た目も変化します。

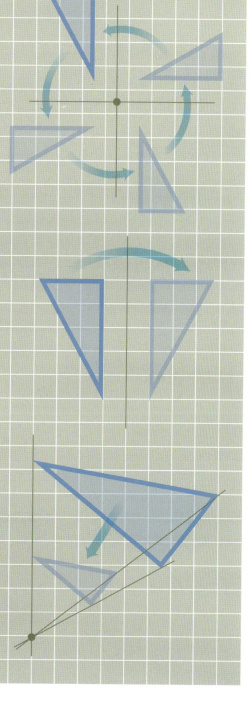

4

有名な定理の彩色数

世界地図を思い浮かべてみてください。隣り合う国々が同じ色にならないように，地図の各国を塗り分けるとしたら，全部で何色必要でしょうか？　その答えが4であることは早々に判明したものの，この「四色定理」を有名にしたのは証明の難しさの方でした。

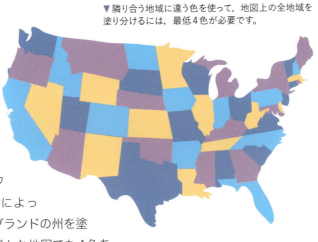

▼ 隣り合う地域に違う色を使って，地図上の全地域を塗り分けるには，最低4色が必要です。

四色定理の問題は，1852年に南アフリカの数学者フランシス・ガスリーによって，はじめて提起されました。イングランドの州を塗り分けようとしていたガスリーは，どんな地図でも4色あれば足りる──五つ目の色が必要になる事例はない──ということに気がついたのです。そこで，弟のフレデリック・ガスリーは，イギリスの著名な数学者オーガスタス・ド・モルガンに，この仮説を伝えました。しかし，ド・モルガンによる数学的な証明の試みは徒労に終わりました。この一見簡単そうな問題は，その後，大勢の数学者を苦しめることになります。

1世紀以上にわたり，挑戦者が次々と現れては，さまざまな手法を試み，正しそうな証明が示されたものの，結局は間違いであることが明らかになりました。証明のあまりの複雑さから，最終的には，コンピューターが使われることになりました。四色定理は，はじめてコンピューターで解明された数学的定理です。イリノイ大学の二人の数学者，ケネス・アペルとウォルフガング・ハーケンは，1976年6月21日についに証明に成功したことを発表しました。1,936種類の地図のパターンを検証しなければならず，コンピューターでの処理に1,000時間以上を費やしたそうです。

$\delta\,(4.699\cdots)$

ファイゲンバウム定数

　アマゾンで蝶が羽ばたくと，東京で雨が降る——これは「バタフライ効果」と呼ばれる有名な現象で，ある数学的な性質がもとになっています。1960年代のある日，アメリカの気象学者・数学者であるエドワード・ローレンツは，コンピューターで気象予測モデルのシミュレーションを実行していました。最初のシミュレーションでは変数の初期値を0.506127に設定していましたが，手間を省こうと，2回目は値を短くして0.506と入力しました。すると，このわずかな差によって，シミュレーションの結果が大幅に変わってしまったのです。

　小さな差が大きな影響が生むことに驚いたローレンツは，この出来事をカモメの羽ばたきが天気に及ぼす影響にたとえました。のちに，カモメは蝶に変えられています。

　ローレンツはこの研究に取り組み，特定の系（システム）が初期状態の微小な変化に左右されやすいことを見出しました。このような研究分野は「カオス理論」として知られています。この分野の先駆者だったアンリ・ポアンカレ（153ページ参照）は，1890年に，特定の系で同様の依存性があることを指摘しています。

　特定の系にカオスが発生するときには，「周期倍分岐」という現象が起きています。ある振る舞いのパターンが繰り返されているときに，周期倍分岐が発生すると，そこから先は繰り返しに要する時間が倍増します。その周期はどんどん増大していき，目に見えて秩序が失われ，最終的には系がカオスに至るのです。アメリカの数学者ミッチェル・ファイゲンバウムは，1978年に，周期倍分岐が発生する点の2値の比について解明し，その比が常に「4.699…」に近づくことを発見しました。

▼「バタフライ効果」とは，あるパラメータの小さな変化が，系全体を大きく変化させるという現象です。

5

プラトンの立体の個数

正四面体

立方体

　図形は数学の花形ともいえる存在です。さまざまな種類の図形があり，それぞれに名前がついています。たとえば，三角形，正方形，五角形などの二次元平面図形は，多角形（英語の「polygon」はギリシャ語で「たくさんの角」の意味）と呼ばれます。また，立方体をはじめとする三次元立体図形は，多面体（英語の「polyhedron」はギリシャ語で「たくさんの面」の意味）と呼ばれます。

正八面体

　数々の多面体の中で，すべての面が同一な正多角形だけで構成されているものは，たったの5種類しかありません。その五つ──正四面体（4個の正三角形），立方体（6個の正方形），正八面体（8個の正三角形），正十二面体（12個の正五角形），正二十面体（20個の正三角形）──は，プラトンの立体と呼ばれています。ギリシャの哲学者プラトンに由来しますが，ピタゴラスが発見者だと唱える歴史学者もいるようです。

正十二面体

　プラトンの立体をつくるための条件は，一つの角（頂点）に三つ以上の多角形が集まっていることと，それらの多角形の内角が合計で360°未満であることです。合計が360°だと平らになってしまい，多面体にならないからです。この条件を満たすのは5種類だけであることが次のようにわかります。正三角形の内角は60°なので，合計が360°を超えないのは，頂点に集まる正三角形が三つの場合と，四つの場合と，五つの場合です。また，正方形（内角は90°）なら三つの場合だけ，正五角形（内角は108°）も三つの場合だけです。それ以外には，成立する図形はありません。

正二十面体

5

ユークリッドの『原論』に定められた公準

平面（たとえば紙の上）に描かれた二次元図形にかかわる規則は，『原論』を著したギリシャの数学者ユークリッドにちなみ，ユークリッド幾何学と呼ばれます。ユークリッドの『原論』は，史上初の数学の教科書です。

この書物では，鉛筆と定規とコンパスでできることとして，五つの規則（公準といいます）を定めています。

1　二つの点を結ぶと直線が引ける。
2　直線はどこまででも延長できる。
3　直線が点に接するとき，その点を中心に直線を動かすと，円が描ける。
4　すべての直角は互いに等しい。
5　二つの直線と交わるような直線を引き，その直線に隣接する二つの内角の和が180°未満なら，最初の二つの直線はどこかで交わる（これは平行線公準と呼ばれ，三角形の内角の和が180°であると言い換えることも可能）。

▲ 古代ギリシャの数学者ユークリッド。後世に最も大きな影響を及ぼした数学者の一人。幾何学の研究はとくに有名です。

平行線公準が成り立たない幾何学は，非ユークリッド幾何学と呼ばれます。たとえば，地球の表面に三角形を描くとしましょう。北極点から赤道に向かって直線を引き，向きを90°変えて，先程と同じ距離だけ赤道上を進んだら，また90°向きを変えて北極点まで戻ります。この二つの内角の和は180°ですから，三つの内角を合計すると180°を超えてしまいます。

6

最小の完全数

　特殊な性質を持つ数の中には，独自の名前がつけられているものがあります。完全数もその一つです。ある数を割り切るすべての数（自分自身を除く）の和が自分自身に等しくなる場合，完全数と呼ばれます。たとえば，6を割り切る数は1，2，3だけで，1＋2＋3＝6なので，最小の完全数は6になります。そのような数は，きわめてまれです。二つ目の完全数は28（1＋2＋4＋7＋14＝28）ですが，その次は496，さらに次は8,128まで飛んでしまいます。

　一説によると，ピタゴラス学派の数学者ニコマコスは，西暦100年頃には8,128が「完全」であると記していました。しかし，五つ目の完全数（33,550,336）は，16世紀に入るまで特定されませんでした。

　ユークリッドは有名な著書『原論』の中で，完全数とメルセンヌ素数（26ページ参照）の関係を証明しました。ユークリッドは，メルセンヌ素数を一つ選んで，1を足し，その数自身を掛けてから，結果を2で割ると，偶数の完全数が得られることを示しました。最小のメルセンヌ素数の3で試してみると，3(3＋1)/2＝6

▲ 古代ギリシャの数学者ニコマコスは，完全数だけでなく，算術や和声学も研究していました。ピタゴラスの教えに学んだといわれています。

となり，最小の完全数が得られました。二つ目のメルセンヌ素数である7は，7(7＋1)/2＝28となり，三つ目のメルセンヌ素数31は，31(31＋1)/2＝496となり，以降も同じように一致するのです。ちなみに，奇数の完全数が存在するかどうか，完全数は無限に存在するかなど，未解決の問題は今も残されています。

$6.284\cdots(2\pi)$

地球を一周するロープのパズルの解答

　地球を一周するロープのパズルは，モンティ・ホール問題（68ページ参照）と並んで，常識がいかにあてにならないかがわかる典型的な例です。まず，地球を思い浮かべてみましょう。地表に密着させた状態で地球を一周するように，赤道に沿ってロープを張ります。次に，このロープと地表の間に1メートルの隙間をつくるとしたら，ロープの長さをどのくらい延ばせばよいでしょうか？

　この問題をはじめて見たとき，直感的に，「とんでもない長さを延ばさなくては」と思いませんでしたか？　地球は巨大な惑星ですから，当然の感想です。ところが，その答えはたったの6.284メートル（すなわち2πメートル）なのです。

　地球の円周の長さは，2×π×半径で求められるので（すべての円に共通です），もとのロープの長さは$2\pi r_{地球}$と表せます。ロープを地表から1メートル浮かせるということは，円の半径が1メートル増えるということです。したがって，新しいロープの円周は$2\pi(r_{地球}+1)$となり，カッコを外して展開すると，$2\pi r_{地球}+2\pi$となります。言い換えれば，新しいロープの長さは「もとのロープの長さ＋2π」メートルです。つまり，もとのロープをほんの6.284メートル長くするだけで，地表から1メートルの隙間をあけつつ，赤道上をぐるっと一周させることができるのです。

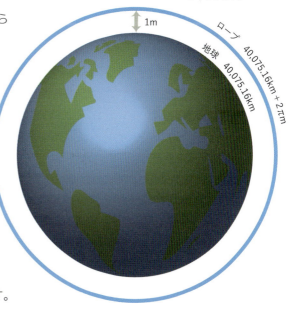

▼ 地球を一周するロープをどれだけ延ばせばよいかは，「浮かせたい分のメートル×2π」で求められます。

1m

ロープ　40,075.16km＋2πm

地球　40,075.16km

7

ケーニヒスベルクの橋の問題

　数学という学問は，現実世界とは無縁で抽象的だと思われがちですが，実際には，生活のありとあらゆる場面を支えています。日常生活の問題に取り組むことで，数学自体が一歩前進することも珍しくありません。そんな，数学と現実世界の垣根を越えた有名な出来事があります。18世紀，プロイセンの都市ケーニヒスベルク（現ロシア・カリーニングラード）のプレーゲル川に，七つの橋が架けられていました。プレーゲル川には二つの流れがあり，それが市街地で合流して，二つの中州を形成しています。ケーニヒスベルクの街は，その両岸と中州に広がっていました。

　1700年代になると，市民たちが暇をもてあましましたのか，ある試みを思いつきます。すべての橋を必ず一度だけ渡って，街全体を回ってくるというものです。簡単な行動に思えましたが，結局，誰一人成功しませんでした。というのも，それは不可能だからです。

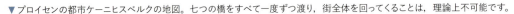

▼ プロイセンの都市ケーニヒスベルクの地図。七つの橋をすべて一度ずつ渡り，街全体を回ってくることは，理論上不可能です。

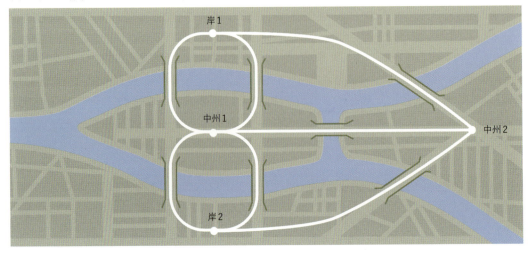

新たな分野の出現

　当時，エカチェリーナ大帝に仕えていたスイスの数学者レオンハルト・オイラー（23ページ参照）は，1736年に，市民たちの努力が元から無駄だったことを証明しました。オイラーがこの問題を解いたことで，位相幾何学という新たな分野と，ネットワークという新たな図式が生まれることになりました。ネットワークとは，何らかの対象物の集まりがどうつながっているかを表すための図です。それぞれの対象物はノード（頂点）と呼ばれる点で表し，ノード同士のつながりはエッジと呼ばれる線で表します。こうしたネットワークの図を「グラフ」とも呼ぶことから，この研究分野は「グラフ理論」と呼ばれます（x軸とy軸を持ったいわゆるグラフと混同しやすいので注意してください）。

　オイラーが考えたネットワークでは，四つの陸地（二つの岸と二つの中州）がノードとして描かれ，陸地をつなぐ七つの橋がエッジとして描かれていました。ネットワーク上の一つのノードにペン先を置き，すべてのエッジを一度ずつ通ってもとの位置に戻れるとき，そのネットワークは「一筆書き」できると

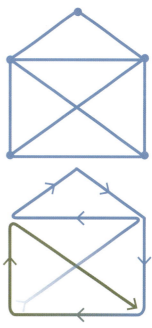

▲ 奇数個のエッジが集まっているノードは二つだけなので，封筒のかたちのネットワークは一筆書きが可能です。

みなされます。オイラーは研究の結果，一筆書きが可能になるのは，次の二つの条件のどちらか一方が成立する場合だけだと証明しました。一つ目の条件は，どのノードにおいても偶数個のエッジが集まっていること，二つ目は，二つのノードにおいてのみ奇数個のエッジが集まっていることです。ケーニヒスベルクのネットワークを見てみると，四つのノードのすべてにおいて奇数個のエッジが集まっています。したがって，このネットワークを一筆書きすることは不可能なのです。

　筆者が子どもの頃，紙から鉛筆を一度も離さずに封筒の絵を描くパズルが学校で流行っていました。今になって考えると，六つのうち二つのノードでだけエッジの個数が奇数ですから，このパズルは一筆書きが可能だったわけです。ただし，このパズルを解く道順は二つしかなく，奇数のノードのどちらか一方から描きはじめる必要があります（そうすると必ず，もう一方の奇数のノードにたどりつきます）。

　現在は，ゲノミクス，電気工学，航空機の運航管理，配送業者の経路管理など，さまざまな分野でグラフ理論が活用されています。ケーニヒスベルクがすべての始まりなのです。

7

ハノイの塔における最少の手数

　2011年に公開された映画『猿の惑星：創世記』では，動物の知能を測るシーンで，ハノイの塔という有名なパズルが使われました。駒を特定の順序で移動させていくピラミッド型のゲームです。考案者のエドゥアール・リュカ（Edouard Lucas：91ページ参照）の名にちなんで，ルーカスタワーと呼ばれることもあります。

　一番シンプルなバージョンの場合，3本の杭と大きさの異なる3枚の円盤がセットされていて，左端の杭には円盤が下から大きい順に積まれています。円盤を杭から杭に移動させていき，すべての円盤を右端の杭にはじめと同じように積み上げられれば，出来上がりです。ただし，一度に移動できる円盤は1枚だけで，小さな円盤の上に大きな円盤を乗せてはいけません。

　ハノイの塔という名前は，次のような伝説に由来しています。ベトナムの都市ハノイの郊外にあった僧院に，3本の大きな杭が立てられ，そこに黄金でできた64枚の円盤が積まれていました。僧侶たちは修行の一環として，先ほどのルールの通りに円盤を移し替え始めたそうです。そして僧院には，最後の円盤を移したその瞬間，世界は終わりを迎えるだろう，という古代の予言も記されていました。この伝説はリュカの創作だという見方もありますが，どちらにしても，64枚の円盤を移動させるには，途方もない年月が必要となるでしょう。

　このパズルを完成させるために必要な最少の移動回数は，数学的に表すと $2^n - 1$ となります（n は円盤の枚数）。円盤が3枚の場合は，最少手数はわずか7回ですが，円盤が64枚になると，18,446,744,073,709,551,615回も移動させなければなりません。

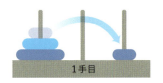

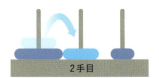

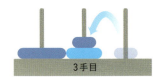

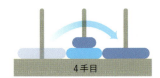

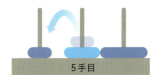

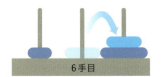

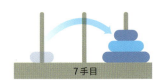

▲ 円盤が3枚のバージョンで，パズルを完成させる動かし方。n枚の円盤に必要な移動回数は$2^n - 1$回です。

10

一般的な記数法

誕生日のお祝いは，39歳や41歳のときよりも，40歳を迎えたときに，より盛大になりがちですが，一体どうしてでしょうか？　その理由の一つは，両手に10本の指があるからです。英語の「digit」には数字の「桁」と手足の「指」の二つの意味がありますが，これも偶然ではありません。

現代の人々は，十進法という記数法を使い，0から9までの10種類の数字だけでものを数えます（両手の指の数と一致します）。9より大きい数を表すときには，いったん0に戻り，先頭に1を追加します。年齢の場合にも，10年ごとに先頭の数字が変わるため，節目として盛大に祝ったり，気を引きしめたりするのです。もしも，進化の過程で両手の指が2本減っていたら，8を基準に数えていたでしょうし（八進法といいます），盛大な誕生日パーティーももっと頻繁に行われていたことでしょう。

とはいえ，常に十進法が使われてきたわけではありません。たとえば，古代バビロニアでは六十進法が使われていました。現代人が60秒で1分，60分で1時間と繰り上げるのは，その名残です（63ページ参照）。また，マヤ文明では二十進法が使われていましたし，現代のコンピューターでは0と1だけで数を表す二進法が使われています。

十進法 vs 二進法 vs 八進法

十進法の10番目までの数は，二進法と八進法では次のように対応します。

十進法	二進法	八進法
1	1	01
2	10	02
3	11	03
4	100	04
5	101	05
6	110	06
7	111	07
8	1000	010
9	1001	011
10	1010	012

12.7

英語の文章におけるeの出現頻度

　暗号（隠したいメッセージを符号に変換し，復元すること）の起源は，古代にまでさかのぼります。過去数千年にわたって，恋人同士から軍司令官たちまで，他人に知られずに秘密を共有したいと願ってきました。

　暗号では，もとのメッセージを「平文」，符号化されたメッセージを「暗号文」といいます。平文と暗号文のあいだで変換を行うには，送り手と受け取り手の双方が，暗号化のルールを把握していなければなりません。その最も単純な方式が「シーザー暗号」です。ローマ皇帝ユリウス・カエサル（ジュリアス・シーザー）が使ったことから，そう呼ばれるようになりました。

　シーザー暗号でメッセージを符号化する場合には，平文の文字のアルファベットを一定の文字数ずつずらします。たとえば，アルファベットを2文字ずつずらすと，もとの「fear the Ides of March（3月15日に気をつけろ）」は「hgct vjg Kfgu qh Octej」という暗号文になります（3月15日はカエサルが暗殺された日）。受け取り手がこのルールを知っていれば，暗号文をもとの文面に戻せるのです。

解読のたやすさ

　この手法はかなり単純なので，盗み見しようと企んでいる人なら，たやすくルールを見破ってしまうことでしょう。もっと複雑な暗号技術として，文字をランダムに置き換える換字方式があります。たとえば，次のような暗号表を使います。

A	B	C	D	E	F	G	H	I	J	K	L	M
J	Q	D	V	G	R	A	O	L	C	Z	H	S

N	O	P	Q	R	S	T	U	V	W	X	Y	Z
M	K	U	T	B	P	F	W	E	Y	N	I	X

■ 平文
■ 暗号文

▲ メッセージ送信時の暗号化方式の一つ。ある文字を別の文字にランダムに置き換えているため，シーザー暗号に比べて解読しにくくなっています。

　この置き換え方を送り手と受け取り手の双方が把握しておくことで，メッセージの受け渡しが可能になります。この場合，「fear the Ides of March」は「rgjb fog lvgp kr Sjbdo」という暗号文になります。先ほどのシーザー暗号に比べれば，多少は解読しにくくなりましたが，これもやはり安全とまではいえません。数学的な「頻度分析」で簡単に復元できるからです。

　頻度分析とは，暗号が埋めこまれた言語の中で，特定の文字が出現する頻度を分析する手法です。多くのヨーロッパ言語では，文字「e」がとくに頻繁に使われています。たとえば，英語の文章中にeが出現する頻度は平均12.7％です（フランス語は14.7％，スペイン語は12.2％，ドイツ語は16.4％，イタリア語は11.8％）。この頻度が暗号解読の大きな手掛かりになります。平文のeを別の文字に置き換えた場合，その文字はeと同じ頻度で暗号文に出現することになります。つまり，約12.7％の確率で出現している文字を見つければ，それがほぼ確実にeだと特定できるのです。暗号文の文章が長くなれば，それだけ解読の誤差は小さくなります。各文字が出現する頻度は言語ごとに決まっているため，コンピューターでいともたやすく解読できてしまいます。

　現在，重要な暗号に換字方式が使われることはありません。その代わり，機密性が重視される場面——クレジットカード情報のオンライン送信など——では，素数を用いた暗号化方式が広く用いられています（77ページ参照）。

13

アルキメデスの立体の個数

　プラトンの立体（36ページ参照）は，すべての面が同一な正多角形で構成された三次元図形ですが，それと似て非なるものに，アルキメデスの立体という図形があります。アルキメデスの立体とは，2種類以上の正多角形で構成された，各種類の多角形の周囲が同一の配置になっている三次元図形のことです。全部で13種類の立体の中には，斜方立方八面体（8個の正三角形と18個の正方形）のような，仰々しい名前がついているものもあります。

　古代ギリシャの数学者アルキメデスが発見者であるとされていますが，本人の研究資料は後世に残らなかったため，詳しいことはわかっていません。ただ，4世紀のギリシャの数学者であるアレキサンドリアのパップスは，これらの立体を考案したのはアルキメデスだったと書き残しています。

　実は，プラトンの立体に少し加工をほどこすと，アルキメデスの立体につくり替えられます。たとえば，「切頂」と名のつく図形は，文字どおり，角（頂点）を対称的に切り落とした立体です。立方体（プラトンの立体）から角を切り落とすと，8個の正三角形と6個の正八角形を持つ切頂立方体（アルキメデスの立体）に変わります。

アルキメデス
（紀元前287頃〜紀元前212頃）

　アルキメデスと聞くと，「エウレカ」という感嘆詞を思い出す人も多いのではないでしょうか。入浴中に浮力の原理を発見したアルキメデスは，「エウレカ！（わかったぞ！）」と叫ぶと，裸のまま街中へ飛び出したといわれています。数学者，物理学者，技術者，天文学者と数々の顔を持ち，まさしく博学多才な人物でした。『円周の測定』も忘れてはならない数学の功績です。アルキメデスはその中で，円周率の近似値を特定し，円の面積は「π×半径の2乗」に等しいと記しています。

アルキメデスの立体

13種類のアルキメデスの立体は，5種類のプラトンの立体を
もとに，対称性を持つようにつくり替えた図形です。

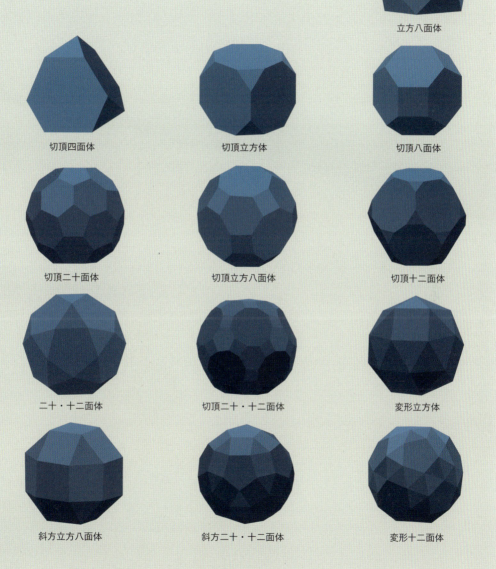

立方八面体

切頂四面体

切頂立方体

切頂八面体

切頂二十面体

切頂立方八面体

切頂十二面体

二十・十二面体

切頂二十・十二面体

変形立方体

斜方立方八面体

斜方二十・十二面体

変形十二面体

15

ビリヤードのエイトボールの開始時に
ラックに並べるボールの個数

　ビリヤードにエイトボールという遊び方があります。エイトボールでは，ゲームを始めるときに15個のボールを三角形のラックに並べるのですが，このボールを11個や12個に変えてしまうと，三角形ではなくなってしまいます。三角形が崩れないようにするには，5列目をなくして10個にするか，6列目を加えて21個にしなければなりません。一方で，ナインボールという遊び方ではボールが9個なので，ひし形に並べます。

　三角形のラックにぴったり収まるボールの個数を，順にリストに書き出してみると，「1，3，6，10，15，21，28，…」となり，数学分野で三角数と呼ばれる数のリストと一致します。

　このリストでは，三角数が一つ大きくなるたびに，数と数の間隔が1ずつ大きくなっています。実際に，ラックに組んだボールを見てみましょう。1列目にはボールが1個，2列目には2個，3列目には3個，4列目には4個，そして，5列目には5個あります。もっと大きい三角形にしたければ，6列目に6個のボールが必要です。

　リストに含まれる数は，$n(n+1)/2$ という式で求められます。たとえば，10番目の数を知りたい場合には，n に10を代入すればよいので，$10(10+1)/2 = 55$ となります。実はこの式は，メルセンヌ素数（26ページ参照）から完全数を求めるときの式（38ページ参照）と同じなのですが，気がついたでしょうか？　言い換えれば，完全数は三角数でもあるということです。

▼ ビリヤードで三角形のラックを使う場合，三角数のいずれかと等しい個数のボールが必要です。

16

1 ポンドのオンス換算

　革命期のフランスでは，エヴァリスト・ガロア（52ページ参照）をはじめ，歴史上の偉大な数学者たちが政治的な混乱に巻き込まれました。1792年にフランスの君主制が廃止され，フランス共和国が発足すると，新しい政治体制のもとで，新しい度量衡の制度が創設されました。それがメートル法です。10の累乗を基準としたメートル（100センチメートル）やキログラム（1,000グラム）という単位は，このときから使われるようになりました。現在は，アメリカ，リベリア，ミャンマーを除いた世界中のほぼすべての国で，メートル法が公式に採用されています。

　もっとも，イギリスなどの数か国では，昔ながらのヤードポンド法もまだ広く使われています。制限速度はマイル毎時で表示されますし，ビールはパイントで売られています。また，イギリス人の大半はフィートとインチで身長を測ります。

　ヤードポンド法は，古代に生まれた単位ということもあって，主に体の部位や日用品が基準となっています。長さの「フィート（30.48センチメートル）」や重さの「ストーン（6.35キログラム）」などの由来は，その呼び名から簡単に推測できるでしょう。

　ヤードポンド法の単位は，たとえば1フィートが12インチ，1ポンドが16オンスのように，12か16で区切れるものが少なくありません。10を細かく分けようすると，10分の1，5分の1，2分の1の3通りしかありませんが，16であれば16分の1，8分の1，4分の1，2分の1の4通りに分けられます。しかも，それぞれ倍ずつ増えますから，より実用的な方法であるともいえるでしょう。もっとも，現代社会で暮らすうえでは，国際標準であるメートル法の方が合理的なのは確かですが。

▼1ポンドという計量単位は16オンスに相当するため，細かい単位に分けるときには，10よりもずっと実用的です。

17

最小のレイランド素数

　レイランド数とは，イギリスのソフトウェア開発者ポール・レイランドによって発見されたもので，$x^y + y^x$というかたちで表せるすべての数を指します。その条件は一つだけで，xとyの両方が，1より大きくなければならないということです。

　レイランド数の一つ目は，$2^2 + 2^2$から8と求められます。3と3を用いた場合は，$3^3 + 3^3$から54となりますが，これは三つの数字の2乗の和として3通りに表せる最小の数でもあります。つまり，54は次のように表されます。

$$54 = 7^2 + 2^2 + 1^2 = 6^2 + 3^2 + 3^2 = 5^2 + 5^2 + 2^2$$

　とくに興味深いのは，レイランド数であり，素数でもあるレイランド素数です。最小のレイランド素数は17で，$2^3 + 3^2$と表されます。

　レイランド数そのものはたくさんあるのですが，レイランド素数は非常にまれな存在です。一つ目は17，二つ目は593で，三つ目は32,993まで飛んでしまいます。できるだけ大きなレイランド素数を見つけるための研究が現在も続けられていて，2012年12月時点で判明している最大のレイランド素数は$3,110^{63} + 63^{3110}$です。$314,738^9 + 9^{314738}$も素数の候補ではあるものの，この30万桁もある数が1か自分自身でしか割り切れないことを証明せねばならず，一筋縄にはいきそうにありません。

　ポール・レイランドいわく，巨大なレイランド数を調べることは，素数であるかどうかを判定するコンピュータープログラムの改善につながる，と。インターネットのセキュリティなどの分野には，巨大な素数の因数分解が利用されているため（77ページ参照），そうしたプログラムの向上が重要なのです。

▼ プログラミングの学習者が手軽にスキルをチェックしたいなら，レイランド数の判定コードを書いてみることをおすすめします。

18

統計学に革命をもたらしたカール・ピアソンの論文数

　現代世界では，ありとあらゆるところで統計が活用されています。政治に関する世論調査もそうですし，お気に入りのスポーツチームの成績もそうです。にもかかわらず，本格的な研究としての統計学が始まったのは，ほかの数学分野に比べて，ごく最近のことでした。

　現代の統計理論の創始者といわれるカール・ピアソンは，統計学者の中で他に類を見ない存在です。ピアソンは1857年にロンドンで生まれ，1880年代の初頭から統計学の大改革に取りかかりました。

　ピアソンが発表した革命的な統計学の論文は，生涯で18本にのぼります。1893年に，その1本目となる「進化論への数学的貢献」を発表し，数学がさまざまな科学分野に応用できることを示しました。

　ピアソンは多くの功績を残していますが，おそらく最も有名な

▲ カール・ピアソン（1857 ～ 1936）は，近代統計学の創始者として広く知られています。18本の論文はすべて革命的な主題を扱っていました。

のは，p値による検定を発明したことでしょう。この検定は，統計的な結果の有意性を判定するための手法です。たとえば，ある変数が別の変数の値を変えるはずだと感じているとします。もう少し具体的にいうと，自分の月収が上がったのは大学教育のおかげだと感じているとします。現実的には，それが真であると実証することはできません。その代わりに，逆の宣言（帰無仮説といいます）が偽であることの証明が可能かどうかを，この検定を通じて確かめます。一定数のデータを使ってピアソンのp値検定を行うと，0から1までの範囲で結果が得られます。この値が小さいほど，帰無仮説が棄却される確率が高くなり，最初に感じていた関連性が偶然でないと確信できるようになります。

20

エヴァリスト・ガロアの享年

1811年にフランスで生まれたエヴァリスト・ガロアは，3世紀越しの難問を解くなど，数学を大きく前進させた人物です。それを10代で成し遂げたという点でも，異彩を放っています。

ガロアの研究の中心は，多項式と呼ばれる代数方程式でした。多項式関数とは，複数の項の和や差からなる方程式のことです。項には累乗（2乗，3乗など）も含まれますが，その指数には必ず正の数が使われます（つまり，x^2は使えて，x^{-2}は使えません）。

シンプルな例としては，$f(x) = x^2 + x - 2 = 0$という式が多項式関数です。この方程式を解くためには，$f(x) = 0$となるようなxの値を見つける必要があります。この例では，xは-2か1のどちらかになります。このような方程式の解き方の一つとして，累乗根（平方根，立方根など）による解法が使われます。ガロアは，多項式に含まれるxの指数が5以上になると，この方程式を累乗根を使って解くことは不可能だと証明しました（現在ではガロア理論と呼ばれています）。

▲ エヴァリスト・ガロア（1811～1832）。多項式関数の指数に関する研究は，今でいうガロア理論の礎となりました。

ガロアは数学の天才でしたが，フランスの激動期を生きた過激な政治活動家でもありました。1831年7月，抗議活動に参加したガロアは逮捕され，刑務所に送られています。それから2年も経たないうちに，決闘で腹部に銃創を負い，その傷がもとで他界しました。

20

ルービックキューブの全面をそろえるまでの最多手数

1974年，ハンガリーの建築学教授によって，史上最大のベストセラーとなる玩具が考案されました。エルノー・ルービックの名を冠したこのキューブは世界を席巻し，これまでに3億5,000万個以上を売り上げています。

その一方で，このパズルは数学者たちに「キューブを最大で何回動かせば，最初の並び方に関係なく，必ず全面がそろうか」という超難問を突きつけました。この数は「神の数字」と呼ばれています。問題をやっかいにしているのは，パズルを始めるときの各面の並び方のパターンが多すぎるという点です。なんと，4,300京通りもの組み合わせがあるといいます（正確には43,252,003,274,489,856,000通り）。この組み合わせをすべて確認することが，そもそも不可能なのです。

この難問の答えは2010年に発見されました。数学者の研究チームが群論という数学理論を用い，すべての組み合わせを22億のグループに分けることで，各グループに含まれる組み合わせを195億通りに絞り込みました。さらに，キューブの対称性にもとづいて，組み合わせを5,600万の小グループに分け直しました（各グループの組み合わせはやはり195億通りです）。そこからコンピューターアルゴリズムを使い，1秒に10億通りのスピードで解析を行ったのです。その結果，どのような並び方であっても，20手以内で解けることが判明しました。2007年までの研究では26手以内でそろうとされていたため，今回の発見で大きく進展したことになります。

▲ ルービックキューブには，4,300京通りもの面の並び方がありますが，どの並び方から始めても必ず20手以内でそろえられることが証明されました。

23

ヒルベルトの問題の設問数

　1900年8月，ドイツの数学者ダビット・ヒルベルトは，パリの国際数学者会議で講演に臨み，当時未解決だった10の重大な数学問題を提起しました。また後日に，全部で23の問題にまとめ直して出版しています。それらはヒルベルトの問題と呼ばれるようになり，20世紀以降の数学の方向性を決定づけました。

　ここでは，23の問題の中から4題を紹介します。

第3問題

体積の等しい二つの多面体があるとき，一方を有限個の多面体の小片に分割して，他方そっくりに組み立て直すことは常に可能か？

　すでにご存知のとおり，多面体とは多角形で構成された三次元立体図形のことです（36ページ参照）。代表的な多面体には，立方体や四面体があります。多面体を複数の小さな多面体に切り分けて，もとの多面体と同じ体積を持つ別の多面体を組み立てられる場合，二つの大きい多面体は「分割合同」であるといいます。ヒルベルトの23の問題の中で，最初に解決したのがこの問題です。その年のうちに，ヒルベルトの教え子だったマックス・デーンによって，体積は等しいが分割合同でない二つの多面体の例が提示されました。

第7問題

aが代数的数であり，bが無理数であるとき，a^bは常に超越数か？

　超越数とは代数的でない数のことで，代数的数とは多項式の解となる数のことです。たとえば，多項式$x^2 + 2x + 1 = 0$で考えてみると，この式が成り立つようなxの値は-1なので，-1は代数的数ということになります。ということは，-1は超越数ではありません。超越数といえば，有

ダビット・ヒルベルト（1862〜1943）

プロイセンのケーニヒスベルク出身。地元の大学で数学を学び，そのまま上級講師となったヒルベルトは，1895年，フェリックス・クライン（134ページ参照）に引き抜かれて，ゲッティンゲン大学に転任し，そこで残りの生涯を過ごすことになりました。

ヒルベルトの在任中，ナチスの台頭とユダヤ系教員の追放によって，ゲッティンゲン大学の数学科が崩壊の危機に見舞われた時期がありました。ある晩さん会でのこと，ナチスの著名な大臣がヒルベルトに「ユダヤの影響から解放された今，ゲッティンゲンの数学はどんな様子だね？」と尋ねました。ヒルベルトはこう答えたそうです。「ゲッティンゲンの数学ですか？　そんなもの，もうどこにもありませんよ」。

名なのはπ（30ページ参照）とe（22ページ参照）でしょう。

無理数とは，分数のかたちで表すことのできない数です。有名な無理数といえば，これもまたπとe，それにφ（18ページ参照）や$\sqrt{2}$（15ページ参照）などです。

この問題は，1934年にロシアの数学者アレクサンドル・ゲルフォントによって解明されました。さらに同じ年，ドイツの数学者テオドール・シュナイダーによる証明も発表されました。二人の解はゲルフォント＝シュナイダーの定理と呼ばれています。この定理の条件を満たすとき，a^bは常に超越数であると結論づけられています。

第8問題

リーマン予想

リーマン予想とは，素数の並びに関する予想です。いまだに証明されておらず，数学最大の未解決問題といっても過言ではありません。ヒルベルトが1900年に未解決問題を提示したように，2000年には，クレイ数学研究所が未解決問題に懸賞金をかけました。このミレニアム懸賞問題には，リーマン予想も含まれています。

第18問題

平面充塡と球充塡に関する三つの問題で構成されています。

a) 空間群は有限個か？

空間群とは，三次元図形のパターンの対称性を表現したものです。空間群の数とは，パターンの見た目を変えない変換（32ページ参照）の数という意味です。空間群は全部で230個であることが判明しているので（87ページ参照），この問題の解答は「イエス」です。

b) 三次元において反タイル推移的な充塡のみが可能な多面体は存在するか？

ある図形で空間内を隙間なく埋めつくせるとき，その図形は充塡可能であるといいます。空間内の任意の図形（タイル）を入れ替えても全体のパターンが変わらないとき，その充塡は「タイル推移的」であるといいます。一方，パターンが変わるときには，その充塡は「反タイル推移的」であるといいます。1928年，ドイツの数学者カール・ラインハートが反タイル推移的な充塡を発見し，この問題が解明されました。

c) 空間に球を敷きつめたときの最大の充塡密度はいくらか？

1600年代の初頭，ドイツの天文学者ヨハネス・ケプラーは，立方体を球で埋めつくそうとした場合に，内部空間に占める球の密度は最大で74％だと予想しました。ケプラー予想と呼ばれるこの問題は，長年未解決のままでしたが，近年になってようやくトーマス・ヘイルズによって証明されました（75ページ参照）。

30

マクマホン立方体の組み合わせ数

　パーシー・アレクサンダー・マクマホンは，1854年にマルタで生まれ，軍人と数学者という二つのキャリアを同時に歩みました。専門は「組み合わせ論」という分野です。ある特定の制約のもとでの物体の組み合わせ方を研究していたマクマホンは，特殊な立方体を考え出しました。

　標準的な6面で構成された立方体を思い浮かべてみてください。立方体のすべての面を異なる色で塗るとしたら，全部で何通りの塗り方があるでしょうか？　答えは，以下のように30通りです。

　各面に1番から6番までのラベルを貼り，赤，青，緑，黄，黒，白の6色で塗ることにします。面1を常に赤で塗るとしたら，どのような組み合わせが可能でしょうか？　組み合わせの可能性は，右下の表のとおりです。

　二つの面を同じ色で塗ることはできないため，一つの列に同じ色が現れることはありません。また，1行目の赤を除いて，一つの行に同じ色が現れることもありません。まずは1列目と1行目に残りの色を順番に書き込みます。そして，数独パズルを埋めるように表を完成させてみましょう。

　さて，面1を常に赤で塗った場合，5通りの塗り方があることがわかりました。面1が常に青になるように表を書き直せば，別の5通りの組み合わせになります。面1に塗れる色は6種類ですから，全部で6×5，つまり，30通りの組み合わせが存在することになります。

▲ パーシー・アレクサンダー・マクマホン（1854 ～ 1929）。組み合わせ論という数学分野に尽力し，マクマホン立方体を考案しました。

面					
1	赤	赤	赤	赤	赤
2	青	緑	黄	黒	白
3	緑	青	白	黄	黒
4	黄	黒	青	白	緑
5	黒	白	緑	青	黄
6	白	黄	黒	緑	青

30.1

桁数の多い数値の先頭に1が出現する頻度

　桁数の多い数値において，最初の桁に現れる値はまったくのランダムだと思っていませんか？　9種類の値（1から9まで）があるわけですから，それぞれが先頭に現れる確率は11.1％ずつと考えるのが自然です。ところが，アメリカの物理学者フランク・ベンフォードは，1938年に，ある種の数値については30.1％の確率で1が最初の桁に現れることを発見しました。大きい値ほど先頭に現れる頻度は減っていき，9に至ってはたったの4.6％しか出現しなかったのです。

　この不思議な傾向は，ベンフォードの法則と呼ばれていますが，実は，カナダ生まれのアメリカの天文学者サイモン・ニューカムが1881年に発見していました。対数（104ページ参照）の本を何気なくめくっていたニューカムは，1で始まるページがほかより傷んでいることに気づいたのです。

▲ ベンフォードの法則にもとづく最初の桁の分布。ある種のデータでは，1から9までの値がこの頻度で先頭の桁に出現します。

　このベンフォードの法則には注意しなければならない点があります。この法則は，完全にランダムなデータでは成り立たないのです。たとえば，くじの当選番号を考えてみてください。1で始まる玉や券ばかりが当選するというのなら，数学者たちは今頃大儲けしているはずです。また逆に，大きな制約のあるデータの場合にも，ベンフォードの法則は成り立ちません。たとえば，身長をメートルで表すという制約のもとでは，人類のほとんどの身長が1で始まるに決まっています。

　ベンフォードの法則が役に立つのは，制約が大きすぎない非ランダムなデータの中から，不規則性を探すような場面です。たとえば，所得税申告書の数値はベンフォードの法則にしたがうので，法廷会計士が活用すれば，不正を発見できます。ポーランドのある数学者は，実際にベンフォードの法則をもとにして，2009年のイランの選挙での不正操作の存在を指摘しました。

31

パスカルの三角形の5段目までの和

　数学界で誰もが知っている形状の一つに，パスカルの三角形があります。17世紀のフランスの数学者ブレーズ・パスカルから名づけられたものです。1段目に1個の数字，2段目に2個の数字，3段目に3個の数字となるように構成されています。ただし慣例的に，最上段は「第0段」，次の段は「第1段」のように呼ばれます。各段の両端には必ず1が置かれ，そのあいだには左上と右上の数の和が置かれます。

　この一見シンプルな配置には，実は，ありとあらゆる数学的な傾向，パターン，性質などが隠されています。たとえば，第2段の右端の値から斜め下にたどると，「1，3，6，10，15，21，…」と並んでいて，三角数（48ページ参照）と一致します。その斜線上の隣り合う数を足していくと，平方数（1，4，9，16，25，…）が現れます。また，段ごとにすべての数を足してみると，「1，2，4，8，16，32，…」となりますが，これは直前の項を2倍にして各項をつくりだす等比数列です（159ページ参照）。

▼ パスカルの三角形。シンプルな数学的モデルに見えますが，有名な数学的パターンが数多く隠されています。

パスカルと確率

　パスカルの三角形は，確率の計算にも応用できます。異なる枚数のコインを投げた結果には，パスカルの三角形と同じ数値が現れます。

コインの枚数	結果の可能性	数値
1	表 裏	1，1
2	表表 裏表，表裏 裏裏	1，2，1
3	表表表 表表裏，表裏表，裏表表 裏裏表，裏表裏，表裏裏 裏裏裏	1，3，3，1
4	表表表表 表表表裏，表表裏表，表裏表表，裏表表表 表表裏裏，裏裏表表，裏表裏表，表裏表裏，表裏裏表，裏表表裏 裏裏裏表，裏裏表裏，裏表裏裏，表裏裏裏 裏裏裏裏	1，4，6，4，1

　また，二項展開と呼ばれる計算にも，やはりこの数が現れます。$(x+1)^y$ の展開式で y の値を変化させ，どこに現れるかを見てみましょう。

y の値	$(x+1)^y$ の展開式
2	$(x+1)^2 = 1x^2 + 2x + 1$
3	$(x+1)^3 = 1x^3 + 3x^2 + 3x + 1$
4	$(x+1)^4 = 1x^4 + 4x^3 + 6x^2 + 4x + 1$

▲ フランスの数学者ブレーズ・パスカル（1623 〜 1662）は，現在の確率論の基礎を築きました。

　それぞれの二項展開では，もとのカッコと同じ累乗（指数）から x の累乗を始めて，その指数を1ずつ減らしながら次の項へと進んでいきます。パスカルの三角形は，その各項に入れる数（係数）を表しているのです。ちなみに，x の前の係数1は通常は省きますが，ここでは一目でわかるようにあえて残しています。

パスカルの三角形と円

　パスカルの三角形は，円とも関係しています。まず円を描き，その円周上に等間隔に点を打ち，その点を一つずつ増やしていきます。次に，各円で使われている点の数，それをつなぐ直線の数，そして，円の中にできる三角形，四角形，五角形，六角形の数を書き出します。すると，またもや見覚えのあるパターンが現れました。

図	点	線分	三角形	四角形	五角形	六角形
	1					
	2	1				
	3	3	1			
	4	6	4	1		
	5	10	10	5	1	
	6	15	20	15	6	1

42

カタラン数の五つ目の数

　42という数を聞いて，まず何を思い浮かべますか？　ダグラス・アダムズ脚本のBBCのコメディラジオドラマ『銀河ヒッチハイクガイド』を聴いた方は，「生命，宇宙，万物の意味にかかわる究極の疑問の答え」を真っ先にイメージしたかもしれませんね。そして，作中で明らかにされなかったその疑問とは，もしかしたら「五つ目のカタラン数は何？」だったかもしれません。

　カタラン数とは，ベルギーの数学者ウジェーヌ・カタラン（1814 ～ 1894）にちなむ数列で，さまざまな数学問題に頻繁に登場します。

　カタラン数を考えるときには，丸テーブルに初対面の人たちが座っているシーンを想像するとよいでしょう。まず挨拶をするために，全員が同席者の誰か一人と握手することになりました。ただし，ペア同士の腕が交差するような握手はしたくありません。このように握手をする場合，何通りのやり方があるでしょうか？　同席者の人数が偶数でなければならないことは，直感的に気がつくと思います。偶数でないと，余る人が出てしまいます。

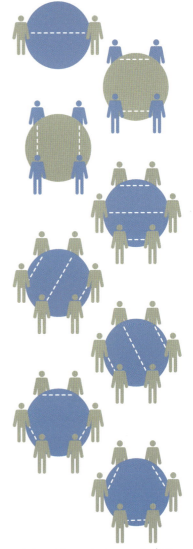

▲ 偶数人が丸テーブルを囲み，腕を交差させずに握手するとします。この人数をどんどん増やしていけば，カタラン数を視覚的にとらえられます。

　次に，同席者が偶数人のときの順列の数について考えます。テーブルにいるのが二人ならやり方は一つ。その二人が互いに握手するしかありません。4人の場合は2通りです。左隣の人か右隣の人とは握手できますが，向かい側の人とはできません。6人なら5通り，8人なら14通り，10人なら42通りになります。

　このように「1，2，5，14，42，…」と続いていく数が，カタラン数の数列です。

60

1分の秒数

　1分が60秒なのはどうしてか，考えてみたことはありますか？　ほとんど何にでも十進法が使われているのですから（43ページ参照），1分間（あるいは1時間）を10に分けてもいいように思えます。

　そのルーツは，古代バビロニアの時間制度にありました。バビロニアでは，60を基準に数を表す六十進法が使われていて，それが現代に受け継がれているのです。

　60を基数に使うのは実用的な考え方です。60を割り切る数は多いため（1，2，3，4，5，6，10，12，15，20，30，60），分数の計算も10よりずっと簡単です（10は1，2，5，10でしか割り切れません）。

　フランスの数学史研究者ジョルジュ・イフラーによれば，実は，六十進法も両手の指と関係があります。右手の手のひらを見てみると，親指を除く4本の指のそれぞれが関節で三つに分かれています（指節骨といいます）。つまり，右手だけで12まで数えられるということです。この構造がうまく使われたのだろうとイフラーは考えました。右手の12を念頭に置いて，今度は左手の4本の指を見てみましょう。左手の人差し指は12，中指は24，薬指は36，小指は48とみなすのです。

　これで，両手を使って1から60までの好きな数を表せるようになりました。たとえば，44を表したいときには，左手の薬指の指先を，右手の中指のまん中にくっつけます。左手の薬指は36，右手の中指のまん中は8なので，合計で44というわけです。

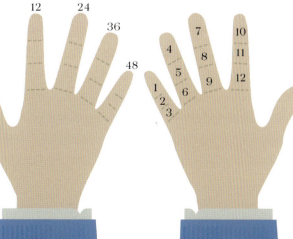

▼ 両手の指を使えば1から60までの数を簡単に表せるため，時間は60に区切って考えられます。

12　24　36　48

4　7　10
5　8　11
1　6　9　12
2
3

61

誕生日の一致するペアが
99.5％の確率で存在するグループの人数

　誕生日のパラドックスは，モンティ・ホール問題（68ページ参照）や地球を一周するロープの
パズル（39ページ参照）と同じ類いの数学問題です。常識や直感がいかに理論とかけ離れている
かを教えてくれます。

　次のような場面を考えてみましょう。ある部屋に入ると，自分のほかに60人が集まっていたの
で，誰かと誰かの誕生日が同じかどうかを知りたくなりました。誕生日の一致するペアがいる確
率はいくらでしょうか？　多くの人がここで直感に惑わされてしまいます。通常の1年は365日
ですから，特定の日に誰かが生まれる確率は1/365になります。全部で61人から選ぶのであれ
ば，その答えは61/365，つまり約17％であると考えてしまいがちです。しかし，本当の確率は
99.5％です。このような勘違いが起きるのは，「同じ日に生まれた二人」と「自分と同じ日に生ま
れた人」を混同してしまうからです。

数学を使う

　確率を概算するには，まず，部屋にいる全員の組み合わせを数えなければなりません。ある人
とそれ以外の全員とのそれぞれのペアを1回ずつ拾い上げて，両者の誕生日を照合していけばよ
いのです。部屋には61人いるので，一人につき60人と照合することになります。言うまでもな
く，ジャックの誕生日をジルの誕生日と照合するのは，ジルの誕生日をジャックの誕生日と照合
するのと同じです。二重に数えないように注意してください。必要な照合の件数は，(61 × 60)/2
＝1,830となります。2で割ったのは，二重の照合を防ぐためです。この結果，二人の誕生日が
同じかもしれない組み合わせは，1,830通りであることがわかります。この1,830通りの1件ず
つに聞き込みをするのもよいですが，数学を使って概算する方がはるかに簡単です。

　一つのペアの誕生日が一致する確率は1/365ですから，一致しない確率は364/365です。部
屋の中に誕生日の同じペアが一組もいない確率は，364/365の1,830乗で概算します（1,830は

調べるペアの数です）。これを式で書くと $(364/365)^{1830}$ となり，電卓で計算すると 0.0066（小数点第4位未満を切り捨て）となります。この概算で，誕生日の同じペアが一組もいない確率は，わずか0.66％だとわかりました。言い換えれば，誕生日の一致するペアがいる確率は，99.3％ということになります。ちなみに，もっと厳密な手法で正確な答えを導くと，この確率は99.5％になります。

　実のところ，部屋にいる人数がたったの23人だとしても，誕生日の一致するペアは50％もの確率で存在しています。

　ただし，この結果には一つだけ問題があります。1年のどの日に生まれる確率もすべて等しいと仮定している点です。もちろん，現実にはそういうわけにはいきません。たとえば，欧米ではクリスマスと年末年始に妊娠件数が増えるため，夏生まれの子どもが多くなる傾向にあります。大きなグループについて考える場合，こうした偏りによって，誕生日の一致する確率が高くなってしまいます。ここでは，人間の脳は瞬時には確率を把握できないことがよくわかりましたね。

▼ 小さなグループの中で，二人が同じ日に誕生日を祝う確率は，直感的な推測よりもはるかに大きくなります。

65

ペントミノの敷きつめパズルの解き方

　「テトリス」は，空前の人気を誇るコンピューターゲームです。1984年の発売以来，世界の人気ゲームランキングの上位にとどまり，累計で数億本を売り上げています。

　テトリスでは，落下してくる数種類の図形を操作しながら，スクリーンの下側に隙間なく並べて，ブロックのかたまりを完成させます。このように，重なりも隙間もないように図形を組み合わせることを，数学の世界で「敷きつめ」といいます。また，テトリスには全7種類の図形が使われていて，どれも4個の正方形を辺と辺でつないでいます。こうした図形を「テトロミノ」といいます。ロシアのアレクセイ・パジトノフは，テトリスを発明したときに，テトロミノと趣味のテニスからこのゲーム名を思いつきました。

　テトロミノは，ポリオミノという図形の一分類です。ポリオミノとは，複数の正方形を辺でつないだ図形のことで，正方形の数ごとに細かく分類されています。ポリオミノ自体は古代から使われていたはずですが，1965年のソロモン・ゴロム（1932〜2016）の著書『ポリオミノの宇宙』を通じて，広く

▼ 人気のコンピューターゲーム「テトリス」に使われているテトロミノは，ポリオミノという図形の一つに分類されます。

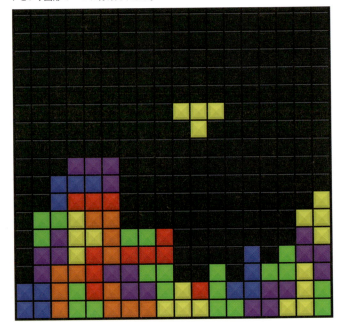

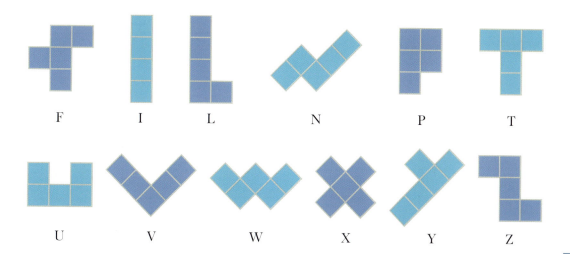

F   I   L   N   P   T

U   V   W   X   Y   Z

知られるようになりました。

　数学パズルによく使われるのは，5個の正方形をつないだペントミノです。5個の正方形を組み合わせると，12種類の異なるペントミノをつくることができます（扱いやすくてちょうどいい数です）。一回り大きいヘキソミノの場合，6個の正方形で35種類もできてしまうので，少し扱いにくいのかもしれません。12種類のペントミノのそれぞれは，アルファベットのかたちに見立てて，F，I，L，N，P，T，U，V，W，X，Y，Zと呼ばれています。

　ペントミノのパズルの中でも，テトリスのように図形を並べていく箱詰めパズルは，とくに人気を集めています。12種類のピースを一つずつ使って，長方形を隙間なく埋めつくすというルールです。12種類のそれぞれが5個の正方形でできていますから，60個の正方形が収まる長方形が必要ですが，縦横のマス目によっていろいろなバージョンに変えることができます。たとえば，12×5のマス目なら解き方は1,010通り，6×10なら2,339通り，3×20なら2通りしかありません。

　パズルを簡単にしたい場合は，8×8のマス目にピースを敷きつめ，中央に2×2の穴を残すようにします（敷きつめるマスは60個分です）。このパズルの解き方は何通りあると思いますか？

　1958年に，アメリカの情報工学者デイナ・スコット（1932〜）によって，その答えが65通りであることが証明されています。

66.7

モンティ・ホール問題で
ドアを変えたときに正解する確率

　時として常識は私たちを裏切ります。当たり前に見えたのに，数学的に証明してみたらまったく違っていた——そんな出来事の実例がモンティ・ホール問題です。アメリカのテレビ番組で有名になった問題で，その司会者がモンティ・ホールでした。

　クイズ番組の挑戦者の前に，三つのドアが並んでいます。二つのドアの向こうにはヤギがいて，一つのドアの向こうには自動車があります。しかし，どのドアがヤギでどのドアが自動車かはわかりません。挑戦者はまず，ドアを一つ選ぶように指示されます。ドアの向こうがヤギであっても，あるいは自動車であっても，賞品としてもらえるのですが，すぐにはドアを開けさせてはくれません。挑戦者がドアを選び終えると，司会者が登場します。司会者はもちろんそれぞれのドアの向こうに何があるかを知っていて，残り二つのドアからヤギがいる方を選んで開けてみせます。そして，挑戦者に聞くのです。さっき選んだドアを開けますか？　それとも，もう一つのドアに変えますか？

　実際にこのゲームに挑戦するとしたら，どちらの行動をとるべきなのでしょうか？　大半の人は，最初の選択を変えないと答えるようです。自動車が当たる確率は50対50になったのだから，ドアを変えても変えなくても確率は変わらない，変えたあげくに最初の方に自動車があったら悔しいじゃないか，大体このような理屈です。ところが，それは完全に間違っています。ドアを変えないときの正解の確率は33.3％ですが，ドアを変えると正解の確率は66.7％に上がります。

　この問題は，「ゲーム理論」という数学分野に当てはめてみると，理解しやすいでしょう。2001年公開の映画『ビューティフル・マインド』で有名になった思考法です。ゲーム理論の「利得行列」を使うと，競争で生じると思われる結果を簡潔な表にまとめることができます。

　次ページの表は，モンティ・ホール問題の利得行列です。最初にドア1を選ぶと仮定しています。司会者が開けるドアには必ずヤギがいることを忘れないでください。

　ドアの向こうにヤギか自動車を隠す場合，3通りの割り振り方が考えられます。ゲームを分析してみると，ドアを変えたときには，2/3の確率で自動車が当たるとわかります。ドアを変えな

かったときには，自動車が当たる確率は1/3です。最初にドア1を選ぶという仮定に深い意味はなく，ドア2かドア3を選んだとしても，最終的な確率は変わりません。

そもそも，二つのドアが残っているときに，正解の確率は50対50だと思い込んでしまうのが誤りのもとです。最初にドアを選んだ時点で，自動車が当たる確率は33.3％でした。司会者が残りの一方を開けたとしても，その確率は変わりません。しかし，ドアを変えるということは，司会者が教えてくれたドアも自分の選択に含まれることになります。確率の合計は100％のはずですから，変えたドアの向こうに自動車がある確率は66.7％になります。絶対にドアを変えるべきです。

▲ 三つのドアのモンティ・ホール問題は全米を混乱させました。博士号を持つある視聴者は，証明が示された後ですら納得しませんでした。

ドア 1	ドア 2	ドア 3	司会者が 開けたドア	ドアを変えない ときの賞品	ドアを変えた ときの賞品
ヤギ	ヤギ	車	ドア2	ヤギ	車
車	ヤギ	ヤギ	ドア2か3	車	ヤギ
ヤギ	車	ヤギ	ドア3	ヤギ	車

68

標準偏差1の範囲に含まれる正規分布データの割合

　データというものは，その内容によってばらつき方が異なります。データの大部分が平均を上回ることもあれば，下回ることもあるでしょう。その一方で，集めたデータが多くなるほど，データの各点が平均の前後に均等に散らばるという傾向もあります。その分布を表現したグラフは，釣り鐘のように見えることから「ベルカーブ」と呼ばれたり，ドイツの数学者カール・フリードリヒ・ガウスにちなんで「ガウス分布」と呼ばれたり，あるいは，単に「正規分布」と呼ばれたりします。

ヨハン・カール・フリードリヒ・ガウス（1777〜1855）

　ドイツ出身。「数学者のプリンス」の異名を持ち，「数学は科学の女王である」という言葉を残しました。「ガウス分布」だけをとっても，若いときから天才的であったことがうかがえます。ガウスは自分自身の誕生日さえも数学で導き出しました。ガウスの母親は読み書きができず，息子の生まれた日付を書きとめていませんでした。イースターの前の何曜日という具合に覚えていたようです。イースターの祭日は太陰暦で決まるため，毎年日付が変わります。ガウスは22歳のとき，過去と未来のイースターの日付を算出する方法を編み出し，ようやく，自分の誕生日が4月30日だと突き止めたのです。

　ガウスは天文学にも精通し，19世紀の初頭以降，この分野にも多大な貢献をしています。1801年，天文学者ジュゼッペ・ピアッツィによって小惑星ケレスが発見されました（当初は惑星とされ，現在は準惑星とされています）。ところが，ピアッツィは間もなくケレスを見失ってしまいます。ガウスは自身の観測をもとに，ケレスが現れる正確な軌道を計算しました。準惑星の研究が現在も続けられているのは，ケレスの再発見のおかげです。

標準を定める

　正規分布の最大の性質は，標準偏差に深く関係しています。標準偏差とは，統計的な測定値を示す指標です。この正規分布と標準偏差を用いることで，ばらつきの度合いがわかります。平均やデータの中央値の求め方については，98ページで取り上げるので，ここでは触れるだけにとどめます。さて，データの各点が平均のまわりに散らばっているとして，データ全体から見ると，どれくらい集中しているのでしょうか。二つのデータセットを例に考えてみましょう。

$$1,\ 2,\ 3,\ 4,\ 17,\ 20,\ 23$$
$$8,\ 9,\ 9,\ 10,\ 10,\ 10,\ 14$$

　両方とも7個の数値があり，両方とも合計は70です。ということは，両方とも平均値は10となりますが，一つ目の方が二つ目よりも数値のばらつきは大きいように見えます。そこで，標準偏差が役に立ちます。

　標準偏差を求める公式は次の通りです。一見ややこしそうですが，実際にはそれほどでもありません。

$$標準偏差（SD）= \sqrt{\frac{\Sigma(x-\bar{x})^2}{n}}$$

　ここでxはセットの中の数値，$\bar{x}$は平均値，nはセットに含まれる数値の総数です。ギリシャ文字のΣ（「シグマ」と読みます）は，すべてを足し合わせるという意味です。

　この公式が何を言っているかというと，要するに，次のような計算の手順です。まず，各点について平均からの差を求め，その答えを2乗し，すべての答えを足し合わせて，平均を求めます。この値を分散といいます。そして最後に平方根をとると，標準偏差が求められるということです。試しに，一つ目のセットの数値で計算してみましょう。

　まず，前半の手順の合計値（548）をセットの数値の総数（7）で割ると，78.3という分散が求められます。これの平方根を取ることで，一つ目のセットの

分散の計算

x	$x-\bar{x}$	$(x-\bar{x})^2$
1	−9	81
2	−8	64
3	−7	49
4	−6	36
17	7	49
20	10	100
23	13	169
	合計	548

$$548 \div 7 = 78.3$$

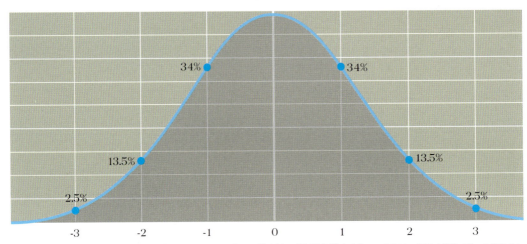

▲「ベルカーブ」と呼ばれる正規分布データのグラフ。x軸は平均を挟んだ標準偏差を表しているため、平均付近にデータが集中していることがわかります。

標準偏差は8.8だとわかります。二つ目のセットでも同じ手順を繰り返すと、こちらの標準偏差はわずか1.8となります。標準偏差が小さいほど、データ点が平均の付近に集中していることを意味します。

　では、この標準偏差は正規分布とどう関係するのでしょう。正規分布にしたがうデータセットの場合には、平均値を挟んだ標準偏差一つ分の範囲に、データ内の点の68％が収まっています。また、標準偏差二つ分の範囲にはデータの95％が収まっています。

　このような統計を活用すると、母集団の一部についての情報を取り出して、母集団全体の情報を推測できます。たとえば、世界の海の魚介類の資源を把握するときに、魚をすべて数えることはまず不可能です。しかし、魚介類全体の個体数は正規分布にしたがうと考えられるため、標本となる魚を捕獲して統計を用いれば、残りの魚の情報も補えます。

70

最小の不思議数

　世の中には多種多様な数が存在します。奇数，偶数，完全数，そして，不思議数。不思議数とは，割り切る数（自分自身を除く）の総和が自分自身より大きく，かつ，割り切る数をどう足し合わせても自分自身に一致しない数のことです。今回も，例をお見せした方が早いでしょう。

　たとえば，70を割り切る数は1，2，5，7，10，14，35で，その総和は74となります。このように，約数の総和が自分自身より大きくなる数を過剰数といいます。しかも，これらの約数のどれを足し合わせても70にならないことから，70は「不思議数」でもあるのです。ただし，過剰数が必ずしも不思議数になるとは限りません。たとえば，12を割り切る数は1，2，3，4，6で，このうち6＋4＋2が12になりますから，12は不思議数ではありません。

　一つ目の不思議数は70でした。それに続くのは836です。その約数は1，2，4，11，19，22，38，44，76，209，418で，約数の総和は844となりますが，どの約数を足し合わせても836にはなりません。

　不思議数は無限にあることが証明されています。しかし，奇数の不思議数が存在できないことは，明確には証明できていません。

74

立方体に敷きつめられる球の最大密度

　旅行の準備をしているときに，スーツケースに洋服が入りきらなくなって，いったん全部取り出してみたものの，どうしたらうまく収まるだろうと悩んでしまう……。このような経験は誰にでもあると思います。靴の中に靴下を詰めたりしますよね。

　こうした「パッキング問題」は，何世紀にもわたって多くの数学者を魅了してきました。1611年，ドイツの天文学者・数学者であるヨハネス・ケプラーは，立方体を球で最も効率的に埋めつくす方法を研究していました。そもそものきっかけは，友人であるトーマス・ハリオットとの文通です。数学者・天文学者であったハリオットは，高名な探検家ウォルター・ローリーの依頼によって，船倉に砲弾を効率的に詰め込む方法を探していました。

▲ 天文学者として名高いヨハネス・ケプラー（1571 〜 1630）は，数学者としても功績を残しています。球の充填に関するケプラー予想は，数世紀にわたって未解決の難問とされてきました。

ケプラーの直観

　実際には，箱の中に球体を無造作に投げ込むだけでも，十分効率的に敷きつめられることがわかっています。平均65％の密度で空間を埋めることができるのです。では，もっとうまく埋めるにはどうすればよいのでしょうか？　ケプラーがたどり着いた最善の敷きつめ方は，昔ながらの八百屋のやり方でした。オレンジを積み上げるとき，底になる層に三角形か六角形にオレンジを並べ，その層の隙間を埋めるように2層目のオレンジを並べます。ケプラーの計算によると，この方法で立方体に球を敷きつめた場合，空間に占める球の密度は$\pi/(3\sqrt{2})$，つまり，最大で74％になります。これはのちにケプラー予想と呼ばれるようになりました。

　ところが，これより効率的な配置がないことの証明は，ケプラー本人にもできませんでした。

ケプラー予想は，長年にわたる未解決の難問になりました。カール・フリードリヒ・ガウス（70ページ参照）は，1831年に，球を規則的に配置するという条件のもとでは，ケプラー予想が最適な配置であることを証明しました。これより高い密度で敷きつめられる不規則な配置はない——そんなことが証明できるでしょうか？　この問題は20世紀まで解決に至らず，ダビット・ヒルベルトも数学最大の未解決問題として提示しています（56ページ参照）。

現代の洞察

　次に進展があったのは，1953年のことでした。ハンガリーの数学者ラースロー・フェイェシュ・トートによって，球の配置のあらゆる可能性を確認できる方法が発見されました。とはいえ，当時はその膨大な計算を実行するだけの技術がなく，いつの日か高性能コンピューターで計算できるはずだとして，確認は見送られました。1958年に，イングランドの数学者クロード・アンブローズ・ロジャースは，充填密度の上限値が78％未満であることを証明しました。ただし，この上限値とケプラーの74％との隔たりを埋めるような最適解は特定できませんでした。

　1990年になると，項武義（シアン・ウイ）がケプラー予想を証明したと発表します。しかし，ガーボル・フェイェシュ・トート（ラースローの息子）をはじめ，数人の査読者に認めてもらえなかったうえに，現在でも，この証明法は不完全だという意見が優勢です。そして，1998年に，トーマス・ヘイルズが，250ページの原稿と3ギガバイトのコンピュータープログラムを発表しました。ラースロー・フェイェシュ・トートが予測した通り，証明がデジタル化される時代が来たのです。ヘイルズの証明は「99％正しい」と，12人の査読者から認められました。

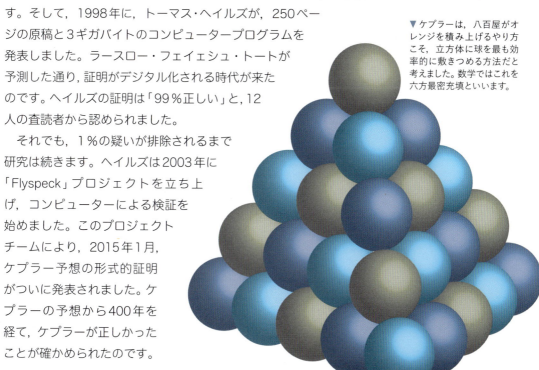

▼ケプラーは，八百屋がオレンジを積み上げるやり方こそ，立方体に球を最も効率的に敷きつめる方法だと考えました。数学ではこれを六方最密充填といいます。

　それでも，1％の疑いが排除されるまで研究は続きます。ヘイルズは2003年に「Flyspeck」プロジェクトを立ち上げ，コンピューターによる検証を始めました。このプロジェクトチームにより，2015年1月，ケプラー予想の形式的証明がついに発表されました。ケプラーの予想から400年を経て，ケプラーが正しかったことが確かめられたのです。

90

直角の角度

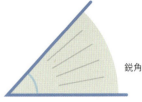

鋭角

直角

　直角三角形の性質はよくわかっています。すでにご紹介した通り，辺の長さや角の大きさの関係は，ピタゴラスの定理（15ページ参照）や「SOH, CAH, TOA」の決まり（28ページ参照）で求められました。

　ここで直角について説明しておきましょう。直角の一番簡単なつくり方は，直線を真ん中で半分に区切ることです。直角は，円の4分の1回転でもあり，記号∟で表されます。また，タレスの定理を使ってつくることもできます。円周に内接する三角形ABCを描き，円の直径を辺ACにすれば，角Bが直角になります。古代ギリシャの数学者だったミレトスのタレスに由来する定理です。タレスは，ピタゴラス学派と同様に，この定理を発見した感謝の印に雄牛を捧げたそうです。タレスの研究は，ユークリッドの有名な著書『原論』（37ページ参照）でも言及されています。

　直角以外の角については，直角との関係をもとに分類されます。

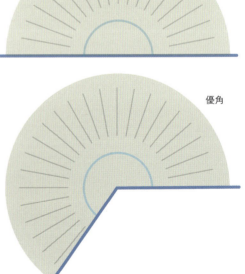

鈍角

平角

優角

鋭角　直角より小さい角（＜90°）
鈍角　直角より大きく（＞90°），
　　　　二直角より小さい角（＜180°）
平角　二直角に等しい角（＝180°）
優角　二直角より大きい角（＞180°）

100

初期のRSA合成数の桁数

インターネットはショッピングの世界を革命的に変えました。自宅のリビングでくつろぎながらバーチャルな店内を眺められるので，わざわざスーパーの狭い通路をうろつかなくても，食料や雑貨を手軽に手に入れられます。マウスをクリックするだけで，1週間分の食材をまとめて玄関先まで届けてもらえます。

ただし，便利なインターネット商取引の裏には落とし穴もあります。犯罪者に支払い情報を盗みとられれば，不正な買い物に使われてしまうかもしれません。オンラインショッピングを安全に使うには，クレジットカード情報の漏洩を防ぐ仕組みが必要です。こうした仕組みには，素数が使われています。

秘密情報を符号化したり復号したりする技術（暗号技術といいます）は，44ページで紹介した通り，数千年の歴史を持っています。しかし，そうした古代の暗号化方式は，現代社会ではもはや通用しません。

オンラインの安全を守る

ブラウザでウェブサイトにアクセスすると，そこが「正規のサイト」で「安全な接続」だという記号が現れるのをご存知ですか？　ブラウザにもよりますが，アドレスが書かれている枠の左か右に，南京錠か緑色のバーが表示されると思います。その記号をクリックすると，そのページへの接続がどのように守られているか，さらに詳しい情報を見られます。

「接続は暗号化されている」と書かれていた場合，ほぼ確実に，公開鍵（PK）という暗号化方式が使われています。1973年に英国政府通信本部（GCHQ）が秘密裏に開発した方式なのですが，国家の機密活動に使われていたこともあり，GCHQで開発されたという事実は1997年まで公表されませんでした。その一方で，公開鍵方式はRSA方式として広く知られています。というのも，ロナルド・リベスト，アディ・シャミア，レオナルド・エーデルマンの三人が，1977年に

同様の暗号化方式を開発したためです。もちろん秘密にする必要などなかったので，三人の名前の頭文字からRSA方式と名づけられました。

　従来の暗号化方式の欠点は，メッセージの解読方法にかかわる情報（「鍵」と呼ばれます）も送らなければならないところです。郵便をイメージしてみてください。まったく符号化していない文面を箱に入れ，箱に鍵をかけただけで送ったとします。受け取り手が箱を開けるためには，どこかの時点で鍵を送らなければいけません。もしも悪質な配達員がいて，配達の途中で合鍵をつくってしまったら？　同じ鍵で手紙を出し続けるかぎり，毎回読まれてしまう可能性が生じます。

　では，箱を閉じるための鍵と開けるための鍵が別々だったらどうでしょうか。やりとりの安全性はぐっと高くなるはずです。これがRSA方式の考え方で，「公開鍵」と「秘密鍵」という二つの鍵を使います。誰かにメッセージを送りたい場合，あらかじめ相手の公開鍵をもらい，その鍵でメッセージを暗号化します。メッセージを解読できる唯一の鍵は，相手が持っている秘密鍵です。秘密鍵は誰にも見せずに保管してあるため，合鍵をつくられる心配もありません。

　この仕組みには素数が使われています。二つの大きな素数を掛け合わせ，さらに巨大な数を生

▲インターネットブラウザを表示して，アドレスバーの横に南京錠があれば，接続が保護されているという印です。この暗号化方式には素数が利用されています。

78

成して，鍵として使用するのです（二つ以上の素数の積を合成数といいます）。巨大な数の方だけを知っていたとしても，もとの二つの素数を推測するのはきわめて困難である，という関係を利用しているのがRSA方式の特徴です。公開鍵は巨大な素数から生成され，秘密鍵は二つのやや小さな推測しにくい数から生成されます。

素数でできた鍵

　たとえば，相手の公開鍵が4,189だったとします。どのような素数を掛け算すれば，4,189を得られるでしょうか？　答えは59と71ですが，わずか4桁の公開鍵でさえ，因数分解にはそれなりに時間がかかります。

　最も初期のRSA方式では，100桁の公開鍵が使われていました（RSA-100と呼ばれます）。この暗号がはじめて破られたのは1991年のことですが，100桁の鍵でも，暗号解読のコンピューター処理には数日を要しました。2009年になると，232桁のRSA合成数を生成できる二つの素数が発見されましたが，その解読には複数の高性能コンピューターでも2年かかり，一般的な家庭用コンピューターなら2,000年かかることがわかっています。現在のインターネットのRSA暗号には，一般的に，1,024ビットの公開鍵（309桁のRSA合成数）が使われています。

　ほとんどの人々は，支払い情報を保護する仕組みなど気にもとめずに，快適で安全なオンラインショッピングを満喫しながら生涯を過ごしていくことでしょう。これもまた，数学が生活のあらゆる場面を人知れず支えている一例です。

153

最小のナルシシスト数

　自分で自分を引用する数は，ナルシシスト的な数とみなされます。正確にいうと，ある数の各桁を桁数で累乗した和が自分自身に等しくなる場合，その数はナルシシスト数と呼ばれます。最小のナルシシスト数は153です。実際，$1^3 + 5^3 + 3^3 = 1 + 125 + 27 = 153$となりますから，ナルシシスト数の定義に合いますね。

　ちなみに，ナルシシイト数は別名アームストロング数とも呼ばれます。コンピュータープログラマーのマイケル・F・アームストロングが，このような数を見つける課題を考案し，プログラミングクラスの学生に出題したそうです。

　ナルシシストの性質を持つ3桁の数は，153を含めても，たったの四つしかありません。

$$370 = 3^3 + 7^3 + 0^3 = 27 + 343 + 0$$
$$371 = 3^3 + 7^3 + 1^3 = 27 + 343 + 1$$
$$407 = 4^3 + 0^3 + 7^3 = 64 + 0 + 343$$

　もちろん，3桁で終わりというわけではありません。最小の4桁のナルシシスト数は，$1^4 + 6^4 + 3^4 + 4^4 = 1 + 1,296 + 81 + 256$から，1,634ということになります。全部で88個のナルシシスト数が存在し，最大のナルシシスト数は堂々の39桁を誇ります。

　ナルシシスト数が本格的な数学といえるのかどうかは，これまで議論の的となってきました。イギリスの数学者G・H・ハーディは有名な著書『ある数学者の生涯と弁明』(柳生孝昭訳，シュプリンガー・ジャパン刊，1994年) の中で，ナルシシスト数についてこう語っています。「奇妙な事実ではあるし，新聞に載せるパズルとしては最適だ。それにアマチュアには好まれるだろう。でも，数学者を惹きつける要素は全然ないんだ」。

176

究極の魔方陣の合計

　数学は時に美しく，時に魅力的な学問です。人類は過去何世紀にもわたって，数字と戯れることで進歩を遂げてきました。最古の数学パズルである「魔方陣」も，そうした娯楽としての数学の一つです。

　中国の神話にこんな話があります。夏という王朝の時代，大洪水が起きました。皇帝の禹が氾濫した流れをもとの水路に戻そうとしていると，増水した川の中から亀が現れました。亀の甲羅には不思議な模様が刻まれていました。点のまとまりが縦横三つずつ並べられていて，縦，横，斜めのどの方向の和も同じ数——15——になっていたのです。しかも，中国暦の二十四節気では，季節一つ分の日数が，まさに15という数でした。

　このような神秘的な性質こそが，魔方陣の特徴です。その魔力は中世に入ってからも，数学者はもちろん，幅広い分野の人々を魅了し続けました。ドイツの高名な芸術家アルブレヒト・デューラーの作品に，1514年制作の『メランコリアⅠ』という銅版画があります（83ページ参照）。翼のある物憂げな女性を描いたものですが，女性の背後の壁には4×4のマス目の魔方陣が彫られていて，縦，横，斜めのすべての方向で和が34になっています（角の4マスも中央の4マスも和は34になります）。魔方陣の一番下の行の数字が制作年に合わせてあったり，よく見ると，左側に切頂菱面体とおぼしき多面体が描かれていたりするので，デューラーが数学好きだったことは間違いないでしょう。

　魔方陣が芸術作品に現れている例は，この版画だけではありません。スペインのバルセロナにあるガウディ設計のサグラダ・ファミリアでは，ファサードと呼ばれる建物に4×4のマス目が彫り込まれています。縦，横，斜めのすべてで和が33になるのですが，これはイエスがはりつけにされた年齢と一致しています。

　もう一つ，ひときわ面白い性質を持った魔方陣があります（82ページの図を参照）。これまでにご紹介した魔方陣と同じように，縦，横，斜めのどの方向も和は176という数になります。また，中央の4マスと角の4マスでも，和はやはり176になります。さて，本当の魔力が発揮され

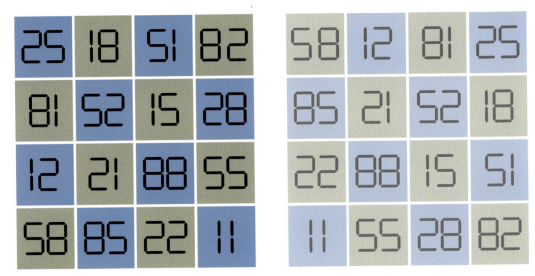

▲ 左の魔方陣を鏡に映した状態。上下を逆さまにしてみても，縦，横，斜めのすべての列で同じ和になります。

るのはここからです。このページを上下逆さまにしてみてください。

　すると，まったく別の魔方陣が現れるのです。一番上の行の数字は11，22，58，82で，その和は176ですし，ほかの縦，横，斜めの和についても，相変わらず176になっています。中央の4マスと角の4マスでも，逆さまになる前と同じ和のままです。

　これで終わりではありません。もとの魔方陣の横に鏡を置いてみてください。鏡の中に魔方陣が映り込み，一番上の行が58，12，81，25になると思います（右上の図を参照）。この三つ目の魔方陣でも例の魔力が生きていて，またもやすべて176になります。鏡の中の魔方陣を上下逆さまにすると，一番上の行は28，82，55，11になり，さらに新しい魔方陣が現れました。ご想像の通り，ここでもあらゆる和が176になります。数字って美しいですね。

▲ アルブレヒト・デューラーによる1514年制作の銅版画『メランコリアⅠ』。右上隅の鐘の下に4×4の魔方陣が描かれています。

180

三角形の内角

　三角形の種類についての解説を思い出してみてください（24ページ参照）。正三角形，二等辺三角形，不等辺三角形のどれをとっても，内側の角の和が180°になっていました。これがすべての三角形に当てはまることは，どうすれば証明できるでしょうか？

　まずは下の図を見てみましょう。線分ABと線分CDは平行な直線です。この2本の直線を横切るように3本目の直線を引くと，それぞれの交点に角が四つずつできます。この四つの角の関係については，次のようなルールがわかっています。

対頂角（向かい合った角，つまりaとd，bとc，fとg，eとh）は，互いに等しくなる。
同位角（異なる交点で同じ位置にある角）は，当然，互いに等しくなる。

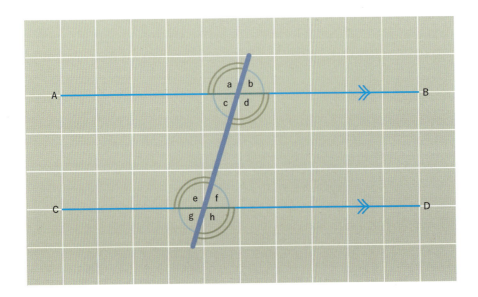

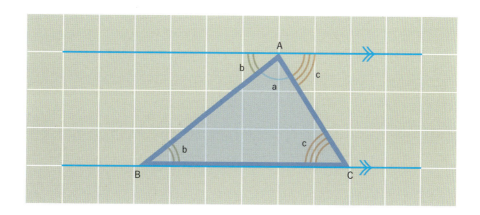

錯角（異なる交点で横断線の斜め向かいに位置する角，たとえばdとe，cとf）も，互いに等しくなる。
隣接角（隣り合った角，たとえばaとb，cとd）は，弧で覆おうと半円になるため，その和は180°になる。
内角（平行線の内側の角，つまりdとf）も，その和は180°になる。

　このルールを使って三角形を考えてみると，最初の疑問を解くことができます。上の図に示した三角形ABCのように，三角形の上下を挟むような平行線を引き，内角をa，b，cとします。
　錯角のルールから，上の線分に対してaの右にできる角は，三角形の底部にある角cと等しくなるはずです。同様に，上の線分に対してaの左にできる角は，三角形の底部にある角bと等しくなるはずです。
　上側にある角a，b，cは，三つとも同じ直線上にあるので，隣接角のルールにもとづけば，その和は180°になります。これらの角a，b，cが三角形の内角a，b，cと等しいことは，すでに錯角のルールで確かめました。ということは，三角形の内角の和もやはり180°になるわけです。
　これで数学的に証明できました。辺の長さや角の大きさには，具体的な値を一切使いませんでした。つまり，平行線の間に描くことさえできれば，それがどんな三角形であっても，ここで確かめた事実が当てはまることになります（すべての三角形は平行線の間に描くことが可能です）。

220と284

最小の友愛数のペア

何度か紹介したように，一部の数には，割り切る数の特殊な性質にもとづいた名前がついています。友愛数もその一つです。二つの数のペアがあるときに，それぞれの約数の和が他方に等しくなる場合，そのペアは友愛数と呼ばれます。最小の友愛数のペアは220と284です。

220を割り切る数は1，2，4，5，10，11，20，22，44，55，110で，その和は284となります。一方，284の約数は1，2，4，71，142で，こちらの和は220です。ピタゴラス学派の数学者たちは，当時すでに220と284のペアを把握していて，神秘的な力と占星術的な意味を見出していました。そのほかにも，歴史上の有名な数学者たちが友愛数を発見しています。

17,296と18,416のペアは，17世紀にピエール・ド・フェルマーが発見したという説と，それより数世紀前にアラビアの数学者が発見したという説があります。最も多くの友愛数を発見したのは，レオンハルト・オイラーです。彼は友愛数を生成するための公式をつくり，59組の友愛数を導き出しました。

ところが，こうした著名人たちでさえも，2番目に小さいペアを見過ごしていました。2番目の1,184と1,210は，1866年に，まだ10代だったイタリアの数学者ニコロ・パガニーニによって，ようやく発見されました。

現代では，コンピューターのおかげで1,200万組の友愛数が特定されています。すべての友愛数は，奇数同士か偶数同士の組み合わせです。また，ペアには，1より大きい共通の因数が少なくとも一つ含まれることがわかっています。

230

結晶空間群

　建築の世界でフリーズといえば，建物の周囲にめぐらした帯状の彫刻か，絵画や織物の上部をふちどる繰り返し模様のことを指します。数学の世界のフリーズという言葉も，似たような意味を持っていて，直線に沿って繰り返されるパターンのことを指しています。さて，好きな図形を使って一次元の繰り返しパターンをつくるとします。パターンの見た目を変えてはいけないとしたら，変換方法（32ページ参照）は何種類あるでしょう？　答えはたったの7種類です。

　では，二次元の繰り返しパターンならどうでしょう？　壁紙に見られるような繰り返しパターンをつくるとき，デザインが変わることのない変換は全部で17種類あり，「文様群」と呼ばれています。どの種類の文様群も何世紀も前から使われているのですが，数学的に17種類だと証明されたのは1891年になってからです。17種類が上限である理由は，今もまだ解明されていません。

　もちろん，繰り返しパターンは二次元にとどまりません。直線の上や四角形の中ではなく，立方体の内部で繰り返されるパターンを想像してみてください。三次元で見た目の変わらない変換は，全部で230種類あり，「結晶空間群」と呼ばれています。数学者のエヴクラフ・フョードロフとアルトゥール・シェーンフリースは，それぞれ独立に空間群を発見していましたが，1892年に，この230種に到達しました。

▲「p4mm」という種類の文様群。二次元のパターンをつくるとき，見た目を変えない変換方法は，全部で17種類しかありません。

300

ユークリッドの互除法が発表された年（紀元前）

　本書では，ユークリッドの『原論』（37ページ参照）をたびたび取り上げ，その重要性や独創性を紹介してきました。紀元前300年頃に出版されたこの数学書は，二つの数の最大公約数（GCD）の求め方——ユークリッドの互除法——についても，詳しく解説しています。最大公約数とは，二つの数の両方を割り切る数の中で最大のものをいいます。

　たとえば，513と837の最大公約数を求めてみましょう。まずは，大きい方の数（被除数）を小さい方の数（除数）で割り，余り（剰余）を確かめます。この場合の商は1，剰余は324となります（837を513で割ると答えは1余り324）。ユークリッドの互除法では剰余しか使われないので，新しい表記を一つ紹介しておきましょう。

　この「837÷513＝1余り324」という除算は，「837 mod 513＝324」と書き換えられます。「mod」は「モジュロ」の省略形で，モジュラー演算という数学分野で使われる記号です。さて，ユークリッドの互除法に戻り，先程の計算を続けていきます。求められた剰余で直前の除数を割り，再び剰余で除数を割り……というように，剰余が0になるまで繰り返します。

$$513 \bmod 324 = 189$$
$$324 \bmod 189 = 135$$
$$189 \bmod 135 = 54$$
$$135 \bmod 54 = 27$$
$$54 \bmod 27 = 0$$

　剰余が0になったとき，その直前の除数がもとの数の最大公約数です。つまり，513と837の最大公約数は，27であることがわかりました。

355

1935年出版の本で間違いを指摘された
数学者の人数

　人はいつも正しいとは限りません。数学者も人間ですから，ときには間違いを犯します。ベルギーの数学者・化学者であるモーリス・ルカは，1935年に自費出版した『古代から現代までの数学者たちの勘違い』の中で，1900年以前の355人の数学者の間違いを紹介しました。雑学的なあら探しは130ページに及んでいて，史上最も偉大とされる数学者たちも取り上げられています。

　たとえばピエール・ド・フェルマーは，素数を生成する公式を発見したと主張しましたが，641という数から誤りが発覚しました（96ページ参照）。オイラーも間違いが多かったようです。オイラーは1,000,009を素数だと考えましたが，実際には293と3,413で割り切れます。また，64組の友愛数の一覧表を発表しましたが（86ページ参照），そのうちの2組は誤りでした。そのほか，この本で取り上げられている数学者には，アーベル，デカルト，ガウス，ライプニッツ，ニュートン，ポアンカレなどがいます。

　現代においては，コンピューターの登場によって，複雑な数学的証明も可能になりましたが，間違いの確認や修正はかえって難しくなったようです。たとえば，イギリスの数学者アンドリュー・ワイルズは，150ページもの論文を発表して（ルカの著書より長編です），フェルマーの最終定理を証明しました（138ページ参照）。しかし，1993年に最初の論文を発表したときに一つだけ誤りを指摘され，その修正を終えるまでに1年以上もかかりました。

360

円の角度

　円の区切りが100でも1,000でもないことを，奇妙に感じたことはありませんか？　360度という単位の由来をめぐっては，専門家の意見も分かれています。一つの説は，古代バビロニアで六十進法（60を基準とする表し方）が使われていたからというものです（63ページ参照）。

　もう一つ，太陽を回る地球の公転に関係しているという説もあります。地球は365日かけて太陽の周りを一周するため，空に見えている太陽は1日に約1度ずつ移動します。それなら365度になるはずですが，おそらく扱いやすくするために360度が選ばれたのでしょう。細かい単位に分けるときにも，365は5か73でしか割り切れませんが，360を割り切る数は22個もありますし，1から10までのすべての数（7を除く）で割ることができます。

　「度」そのものをより細かい単位に分ける場合は，1度を60分，1分を60秒と表します。数学では，度の代わりにラジアンという単位もよく使われます。1ラジアンの角をつくるには，まず円の中心から円周に向かう直線（つまり半径r）を引きます。次に，半径と同じ距離だけ円周上を進んで「弧」を描き，そこから中心に戻る直線を引くと，「扇形」が出来上がります。この扇形の中心角の大きさが，1ラジアン（57.3度）です。円周は$2\pi r$なので，円の1周は2πラジアンになります。

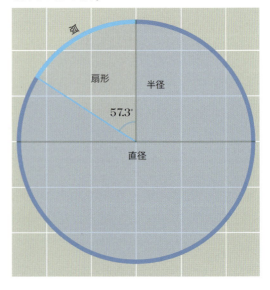

▼ 半径と同じ長さの円弧と2つの半径でつくった扇形の中心角をラジアンといいます。

弧

扇形　半径

57.3°

直径

399

最小のリュカ＝カーマイケル数

数学者のエドゥアール・リュカ（下のコラム参照）とロバート・カーマイケルにちなんだリュカ＝カーマイケル数は，約数に着目するタイプの数です。カーマイケル数（94ページ参照）とは違うので，混同しないように気をつけてください。

任意の数を一つ選んで，それを割り切る素因数を求め，それぞれの素因数に1を足します。同時に，もとの数に1を足したときの約数を求めます。先程の素因数＋1とこの約数が一致するとき，もとの数はリュカ＝カーマイケル数と呼ばれます。

最小のリュカ＝カーマイケル数は399です。実際に試してみると，399を割り切る素因数は3，7，19で，それぞれの素因数に1を足すと4，8，20となるため，確かに400（つまり399＋1）の約数と一致しています。二つ目と三つ目のリュカ＝カーマイケル数は，それぞれ935と2,015です。

エドゥアール・リュカ（1842～1891）

フランスの都市アミアン出身のフランソワ・エドゥアール・アナトール・リュカは，フィボナッチ数列（18ページ参照）の研究で広く知られています。素数の研究にも熱心で，15歳のとき，$2^{127}-1$が素数であるかどうかの証明に，手計算で取り掛かりました。最終的には証明に成功したものの，それまでに19年もの歳月を費やしました。また，ハノイの塔という定番のパズルを考案したことでも有名です（42ページ参照）。享年は49歳でした。1891年のこと，リュカが晩さん会に出席していると，給仕人がうっかり食器を割ってしまい，破片がリュカの頬を切りました。その数日後，敗血症とみられる疾患で命を落としました。

500

インド・アラビア十進記数法が発明された年

　あなたは，インド・アラビア十進記数法を完璧に使いこなしていますか。そう問われても，あまりピンとこないかもしれませんね。インド・アラビア十進記数法とは，私たちが普段から使っている数え方のことです。この「0, 1, 2, 3, 4, 5, 6, 7, 8, 9」という10種類の数字を使う方法は，西暦500年頃にインドで発明された後，アラブ系の商人の移動にともなってヨーロッパ各国に広まりました。数学者・天文学者のアル＝ノワーリズミーの著作が持ちこまれたことで，広く知られるようになったのです（次ページのコラム参照）。

　さらに数百年後には，フィボナッチが北アフリカでインド・アラビア数字を学び，その使用法をヨーロッパに紹介しました（19ページ参照）。この記数法をヨーロッパに定着させたのは，ドイツの数学者アダム・リースです。彼は，1522年発行の『線と羽ペンによる計算書』によって，商人見習いや職人見習いに，インド・アラビア数字を用いた計算法を指南しました。

位置につく

　リースが説いた計算法は，「位取り記数法」で数を表現するものです。一つの数に100の列，10の列，1の列などがあり，数字の置かれた位置によって数の大きさを表します。この記数法をきっかけとして数字の0が使われはじめたのですが，「桁記号記数法」が主流だった当時のヨーロッパにとって，これは実に画期的な出来事でした。位取り記数法の方が計算も素早く簡単にできたことから，従来の桁記号記数法は徐々に廃れていきました。桁記号記数法（ローマ数字がその代表）では，数を表す記号を加えていくことで，表現したい数をつくります。

　たとえば，83という数は，ローマ数字ではLXXXIIIと表記されます。右からIを三つ（1×3），次にXを三つ（10×3），さらにLを一つ（50×1）というように，記号を加えていくのです。

　0から9までの数字のかたちについても，ブラーフミー数字と呼ばれる古代インドの数字が起源となっています。数字のかたちは書くときの角の個数を意味している，という都市伝説もあり

アル＝フワーリズミー（780頃〜850頃）

イスラムの数学者ムハンマド・イブン・ムーサー・アル＝フワーリズミーの出生地については，バグダッドという説もあれば，現在のウズベキスタン地域という説もあり，研究者の間で意見が分かれています。いずれにしても，彼が西洋の数学に多大な影響を与えたことは間違いありません。

フワーリズミーは，823年頃に『インド数字による計算書』を著し，中東にインド・アラビア数字を広めました。『アルゴリトミのインド数字』というタイトルでラテン語版も出版されています。このフワーリズミーのラテン語名（アルゴリトミ）が，「アルゴリズム」という言葉の語源です。この書の人気を受けて，それ以前の著書『約分と消約の計算の書』も『アル・ジャーブルとアル・ムカーブルの書』というタイトルでラテン語に翻訳され，「アルジェブラ（代数学）」という言葉を生みました。フワーリズミーの研究は，三角法，一次方程式，二次方程式にも及び，これらの発展に貢献しました。

ますが，証拠は皆無です。

　インド・アラビア記数法が登場してから数世紀の間は，計算盤主義者（ローマ数字と計算盤を使い続ける人々）とアラビア数字主義者（位取り記数法の計算を取り入れる人々）の対立がたびたび起こりました。

561

最小のカーマイケル数

　数学者は素数への思い入れが強く，素数を見分ける方法をいくつも考え出しています。フランスの数学者ピエール・ド・フェルマーもその一人で，1640年にフェルマーの小定理という判定法を考案しています。この定理によれば，もしも数pが素数である場合，数aが1からpまでの値であるなら，$a^p - a$は必ずpで割り切れます。

　簡単な例を使って，3が素数かどうかを判定してみましょう。まず，$1^3 - 1 = 0$となり，3で割り切れます（0はすべての整数で割り切れます）。次に$2^3 - 2 = 6$は3で割り切れますし，$3^3 - 3 = 24$もやはり3で割り切れます。したがって，3はフェルマーの素数判定にすんなりと合格します。

　ところが，このテストに合格しても，実際には素数でない数も存在しています。そうした数は，アメリカの数学者ロバート・カーマイケルにちなみ，カーマイケル数と呼ばれています。最小のカーマイケル数は561です。フェルマーの小定理を使った場合，$p = 561$としてaに1から561までを代入すると，すべての値で合格できてしまいます。しかし，561は3，11，17で割り切れるため，実際には素数ではありません。

　このような偽物が発覚したこともあり，現在の素数の判定には，新しい手法が使われています。AKS（Agrawal-Kayal-Saxena）判定法では，100％の正確さで素数を見分けられるとされています。

563

現在判明している最大のウィルソン素数

　素数かどうかを手軽に判定できる方法は，ほかにもあります。「階乗」という演算を使う方法です。階乗は「4!」のように感嘆符で表し（「4の階乗」と読みます），その数から1までをすべて掛け合わせることで計算します。たとえば，4の階乗なら$4! = 4 \times 3 \times 2 \times 1 = 24$となります。

　この判定法を使った場合，$(p-1)! + 1$がpで割り切れるとき，その数pは素数であるといえます。早速，5を例に考えてみましょう。まず，すでに$4! = 24$とわかっていますから，$(5-1)! + 1 = 4! + 1$の結果は$24 + 1 = 25$となります。もちろん25は5で割り切れるので，5が素数であると判定できました。この計算がすべての素数で成り立ち，非素数では成り立たないという性質は，18世紀のイングランドの数学者ジョン・ウィルソンにちなみ，ウィルソンの定理と呼ばれています。

　このpによるわり算に2回合格した素数は，ウィルソン素数と呼ばれます。ウィルソンの定理から答えを求めた後，さらに，その答えがもう一度pで割り切れるかどうかを試すのです（つまり，$(p-1)! + 1$がp^2で割り切れるか試します）。先程の5を思い出してください。結果が25になり，それを5で割ったので，答えが5になりました。さらに，この5は5で割り切れて1になります。つまり，最小のウィルソン素数は5です。現在のところ，ウィルソン素数は5，13，563の三つしか発見されていません。多数存在すると考えられていますが，20兆までの数を判定した結果では，四つ目は発見されていません。

▲数学の感嘆符は階乗を表します。数の末尾にこの記号がある場合には，その数から1までのすべての積を求めます。

641

フェルマーの予想に対する最初の反例

フランスの数学者ピエール・ド・フェルマーは，同時代の数学者たちと同じく，生涯を通じて素数の魅力にとりつかれました。彼の功績の一つに新しいタイプの数の発見があり，その数は，今ではフェルマー数と呼ばれています。

フェルマー数は$F_n = 2^{2^n} + 1$と表され，nに0以上の数を代入することで生成されます。フェルマー数の最初の4個（$n = 0, 1, 2, 3$）は3，5，17，257となり，四つともすべて素数です。フェルマー数が素数の場合，フェルマー素数と呼ばれます。フェルマーは，「この式で生成される数はすべて素数であり，素数生成の新しい手法を考え出したのだ」というひらめきにとらわれました。ところが，実際には落とし穴がありました。ある数から先の結果が必ずしも素数にならないのです。その一つ目はF_5です（フェルマー数の6個目）。1732年，スイスの数学者レオンハルト・オイラーによって，$F_5 = 2^{2^5} + 1 = 2^{32} + 1 = 4,294,967,297$が641で割り切れるので素数ではないことが証明されました。

▲ フランスの数学者ピエール・ド・フェルマー（1601 〜 1665）は，素数だけを生成する公式を発見したと信じ込みましたが，実際には，必ず素数になるとは限りませんでした。

現在はコンピューターを用いることで，F_{32}までのフェルマー数が合成数だということ（素数でないこと）が判明しています。2014年7月には，桁外れに巨大なフェルマー数$F_{3329780}$も，193 × $2^{3329782}$ + 1で割り切れる合成数であると確認されました。100万桁以上の巨大な素数は，文字どおりメガ素数と呼ばれます。また，1,000桁以上はタイタニック素数，1万桁以上は巨大素数と呼ばれます。

1,001

7，11，13による整除判定法

　1,001という数は，7，11，13という三つの素因数の積となっています。この関係を利用すると，ほかの数が7，11，13で割り切れるかどうかを判定できます。

　小さな数の場合には，わざわざ確かめるまでもないかもしれません。たとえば，14，42，84が7で割り切れるかどうかは，九九さえ覚えていればすぐにわかります。ですが，3,326,505の場合はどうでしょう。電卓を使えば簡単ですが，手で計算していたら到底終わりそうにないと思いませんか？　ところが，この判定手順にしたがうと，想像以上に簡単に確認できてしまいます。

　まず，確かめたい数の右端から3桁ずつに区切り，数のグループをつくります。実際に3,326,505で試してみましょう。3桁ずつに区切ると，3と326と505の三つのグループができます。その中から，奇数グループ（1，3，5などのグループ）同士を足し合わせ，さらに，偶数グループ同士も足し合わせます。奇数グループは3と505ですから3＋505＝508となります。偶数グループは一つだけなので単純に326となります。

　次に，奇数グループの和から偶数グループの和を引きます。先程の結果を使うと，508－326＝182となります。ここまで来ると，もとの数からだいぶ小さくなっているはずです。この小さな数が7，11，13で割り切れる場合，もとの大きな数も7，11，13で割り切れます。182は7で割ると182/7＝26，13で割ると182/13＝14となりますが，11を使うと182/11＝16.5454…となって割り切れません。この結果，3,326,505は7と13で割り切れると判定できました。

1,225

世界の平均月収（ドル）

　平均はごく身近な概念で，「彼女は同年代の平均以上だわ」とか，「この成績は普通以下だね」などと耳にすることがあります。平均とは二つ以上の集まりを比較することです。たとえば，世界各国の平均月収について考えたいとき，どうやって中間的な収入を割り出せばよいのでしょう？　あるいは統計学らしくいうと，どうすれば「代表値」を求められるのでしょうか？

　平均の出し方くらい知っていると思われるかもしれませんが，実は，平均の求め方は全部で3種類あり，それぞれの長所と短所をうまく使いわける必要があります。

平均値（ミーン）

　日常的に使ういわゆる平均とは，この「平均値」を指しています。複数の数値があるときに，すべてを足してから数値の個数で割ると，平均値が求められます。

　フィボナッチ数列（18ページ参照）で試してみましょう。最初の10個は「1，1，2，3，5，8，13，21，34，55」ですので，平均値を計算すると(1＋1＋2＋3＋5＋8＋13＋21＋34＋55)/10＝14.3となります。ところが，フィボナッチ数列の11個目の89を追加してみると，平均値は21.1に跳ね上がります。大きな数値が一つ加わるだけで，平均値が大幅に増えてしまうのです。このような，ほかより大きすぎる数（または小さすぎる数）は，「外れ値」と呼ばれています。外れ値に影響されやすいことが，平均値の計算の特徴です。

中央値（メジアン）

　平均の求め方のうち，外れ値に影響されにくいのが「中央値」です。読んで字のごとく，中央にある値を意味します。中央値を求めるには，すべての数値を小さい順に並べ替え，真ん中に位置する数値を見つけます。フィボナッチ数列を見てみると，最初の10個はすでに小さい順に並んで

くれています。数値の個数は偶数個なので，中央値は5個目と6個目の途中にあるはずです。つまり，5と8の中間である6.5が中央値となります。先程の平均値も同じ数値リストで計算したのですが，比べてみると中央値は平均値の半分以下になっています。

　試しに，11個目の89を追加してみましょう。11個の真ん中は6個目なので，中央値は8ということになります。外れ値を加えたにもかかわらず，6.5からわずかに増えただけですし，10個のときの平均値よりもずっと低い値になっています。

　この方法で世界各国の収入を計算すると，月収中央値は1,225ドルになります。中央値の代わりに平均値を使った場合，億万長者の高額所得が平均をつり上げてしまい，世界の収入事情について誤った印象を与えてしまいます。

最頻値（モード）

　「最頻値」はシンプルです。すべての数値の中で，最も頻繁に現れる数値を意味します。フィボナッチ数列の最初の10個なら，最頻値は1となります（1だけが2回出現しています）。ただし，このような場合は最頻値は代表値には使えません。1は最も頻繁に現れていますが，同時に数列の1個目でもあります。それを中間と言ってしまったら，誤解のもとになりかねません。

　ところで，平均値，中央値，最頻値についての話題では，「範囲」という言葉もよく使われます。範囲とは最小値と最大値の差のことです。フィボナッチ数列の10個なら，範囲は54となります。

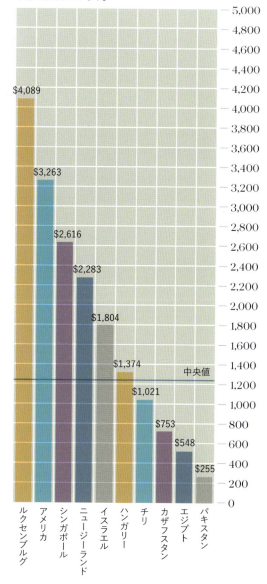

▼ 各国の平均月収。世界の月収中央値である1,225ドルが水平線で示されています。

- $4,089 ルクセンブルグ
- $3,263 アメリカ
- $2,616 シンガポール
- $2,283 ニュージーランド
- $1,804 イスラエル
- $1,374 ハンガリー
- 中央値
- $1,021 チリ
- $753 カザフスタン
- $548 エジプト
- $255 パキスタン

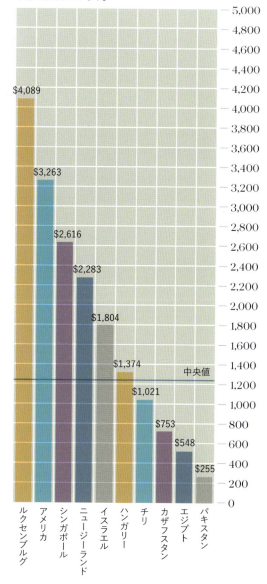

1,260

最小のバンパイア数

1994年，アメリカの情報工学者クリフォード・ピックオーバーは，新しいタイプの数を定義しました。ピックオーバーがつけた名前は「バンパイア数」。人目をたくみに避けているという意味だそうですが，一体どんな数なのでしょうか？

まず偶数桁（4桁など）の数を一つ選び，桁を半分ずつに分けます。次に，桁の値を適当な順番に並べ替えて，二つの新しい数をつくります。この二つの数は「牙」と呼ばれます。二つの牙を掛け合わせると，もとの数に戻るようなとき，その数はバンパイア数と呼ばれます。

この条件が成り立つ最小の数は1,260です。実際に二つの牙をつくって掛け合わせてみると，$21 \times 60 = 1,260$となります。4桁のバンパイア数は1,260のほかにも六つあり，それぞれ，$1,395 = 15 \times 93$，$1,435 = 35 \times 41$，$1,530 = 30 \times 51$，$1,827 = 21 \times 87$，$2,187 = 27 \times 81$，$6,880 = 80 \times 86$です。

バンパイア数の桁が大きくなると，牙の組み合わせも多くなります。たとえば，125,460からは246×510と204×615という2組の牙をつくれます。また，牙が二つとも素数の場合には，素数のバンパイア数と呼ばれます。たとえば124,483で考えてみると，281×443のように組み合わせたとき，両方の牙が素数になります。

バンパイア数の数学的な価値はというと，友愛数もそうですが（86ページ参照），ほどほどに限定されます。とはいえ，こうしたパズル的な数（いろいろな遊び方がある数字）は，プログラミング教育には最適です。そもそもピックオーバーがこの数を考え出したのも，バンパイア数を検出するコードを学生たちに書かせるためでした。

1,296

（1,296対1）ヤッツィーの役が出るオッズ

　「ヤッツィー」は，1940年代にアメリカで発売されたサイコロゲームです。5個のサイコロを振って，出た目の組み合わせで役をつくり，その役に応じた得点をもらえます。滅多に出ない組み合わせであるほど役の得点は高くなります。5個のサイコロの目がすべてそろうと「ヤッツィー」という役になり，1ターンとしては最も高い50点が獲得できます。5個のサイコロを一度に振ったとき，すべてに同じ目が出るオッズは1,296対1です。

　このオッズの計算方法を確かめる前に，いくつかの事象が起こりうるときの確率の求め方を見ておきましょう。AND（かつ）とOR（または）という演算を使って，事象Aと事象Bについて考えます。「事象Aが起こる」かつ「事象Bが起こる」という確率を求める場合，それぞれの事象の確率を掛け合わせます。一方，「事象Aが起こる」または「事象Bが起こる」という確率を求める場合，それぞれの事象の確率を足し合わせます。

　ヤッツィーでサイコロを振るときには，1個目のサイコロにどの目が出ようと関係ありません。その後に4個連続で最初と同じ目が出ることが重要です。たとえば，サイコロ1に6の目が出たとします。サイコロ2に再び6が出る確率は1/6，サイコロ3，4，5でもそれぞれ1/6です。したがって，4個すべてに6が出る確率は1/6×1/6×1/6×1/6となり，すべてがそろうオッズは1/1,296と求められます。

◀「ヤッツィー」では，5個のサイコロの目がそろうと，最高得点を獲得できます。5個のサイコロを一度に振ってすべてがそろうオッズを求めるには，それぞれのサイコロの確率を掛け合わせます。

1572

複素数の積の求め方が定義された年

　本書で取り上げる100個の数は，最後の無限大を除けば，すべて「実数」という現実の数です。ただし，本書で取り上げていない数のすべてが実数であるとは言えません。数学の世界には「虚数」という架空の数が存在するからです。

　虚数が生まれた背景を考えるには，数を2乗してみるのがよいでしょう。まず，実数を2乗すると，必ず正の数となります（ただし，0を2乗したときは0）。たとえば4^2は16となりますが，$(-4)^2$もやはり16となります。負の数を2乗した結果も正になります。したがって，16は4と-4という二つの平方根を持つことがわかります。

　では，2乗すると負になる数が存在するとしたら？　言い方を変えると，$\sqrt{-16}$を計算したいときはどうすればいいのでしょうか？　そこで，数学者たちは「虚数」を導入して，こうした計算を可能にしました。虚数を式で定義すると，$\sqrt{-1}=$虚数単位iと表されます（数学では虚数単位を記号iで表しますが，工学では電流をiで表すため，虚数単位にはjを使います）。これを使えば，$\sqrt{-16}=4i$と表せるようになります。

　虚数が力を発揮するのは，虚数同士を掛け合わせるときです。虚数が存在しなかった頃，$\sqrt{-16}\times\sqrt{-9}$のような式は，まったく無意味に思えたことでしょう。ですが，虚数を使える現在では，この式の計算も成り立ちます。まず単純に計算すると，$\sqrt{-16}\times\sqrt{-9}=4i\times3i=12i^2$となります。これをもう一歩進めてみましょう。先程のiの定義は$i^2=-1$と書き換えられますから，$\sqrt{-16}\times\sqrt{-9}=-12$と求められます。不思議なことに，最終的に実数になりました。

　数学者たちはもう一つ，「複素数」という数もつくり出しました。複素数とは，実数と虚数を組み合わせて，$a+bi$というかたちで表した数です。一つ目の項は「実部」，二つ目の項は「虚部」と呼ばれます。イタリアの数学者ラファエル・ボンベリ（1526頃〜1572）は，亡くなる直前に数学書『代数学』を発表し，複素数の積の求め方をはじめて正式に定義しました。

　実際に，複素数の$a+bi$と$c+di$の積を求めてみましょう。ちょっとややこしいのですが，一つ目の複素数の項と二つ目の複素数の項を順番に掛け合わせないといけません。英語圏では，二

項式の掛け算を「FOIL（ホイル）」と覚えます。「First（最初），Outer（外側），Inner（内側），Last（最後）」の順番で掛け合わせるという意味です。

　この順番で計算すると，$(a+bi)(c+di)=ac+adi+bci+bdi^2$となります。さらに，$i^2=-1$という定義を使って，この結果を整理すると$ac+adi+bci-bd$となります。今度は具体的な数字を使ってみましょう。$(2+3i)(3+2i)$の積を求めると，$(2×3)+(2×2)i+(3×3)i-(3×2)=4i+9i=13i$となります（二つの実部は相殺されてなくなりました）。

　こうして複素数を使うことができるのも，すべてボンベリの研究のおかげです。複素数が登場する以前には，虚数など何の役にも立たない遊びの数だと考えられていました。「虚しい数」という名前も一種の悪口だったのです。それが今では不可欠なものとなり，物理学，工学，コンピュータープログラミングなどの世界でも，複素数は当たり前に使われています。

▼ FOILメソッドの使い方。二項式の掛け算の覚え方ですが，複素数の掛け算にも当てはまります。

$$(3z+5)×(2z+7)$$

1	Firsts	最初の項同士	$3z×2z=6z^2$
2	Outers	外側の項同士	$3z×7=21z$
3	Inners	内側の項同士	$5×2z=10z$
4	Lasts	最後の項同士	$5×7=35$

$6z^2+21z+10z+35$
$=6z^2+31z+35$

1614

ジョン・ネイピアが対数を発表した年

　数学では逆算がたびたび現れます。逆算とは，計算をもとに戻すことです。たとえば，ある数に2を足してから2を引けば，当然もとの数に戻ります。あるいは，ある数に2を掛けてから2で割ると，やはりもとの数に戻ります。

　では，ある数を累乗したときは，どうすればこの計算をもとに戻せるのでしょうか？　指数（累乗を示す数）の逆算は，対数と呼ばれます。スコットランドの数学者ジョン・ネイピア（次ページのコラム参照）によって1614年に発表され，広く知られるようになりました。

　たとえば $10^x = 1{,}000$ という式があり，指数xの値を知りたいとします。言い方を変えると，10を何乗すれば1,000になるかを知りたいということです。そのような計算を「両辺の対数をとる」といいます。左辺を対数に変換すると，上に乗っていた指数が下に降り，$x = \log(1{,}000)$ というかたちの式になります。電卓の「log」というボタンで計算するか，対数表で値を調べると，3という答えが求められます。つまり，10を3回掛けると1,000になることがわかりました。

　ただし，電卓の「log」ボタンでは十進法（43ページ参照）の対数しか処理してくれません。十進法の対数とは，10を底とする対数のことです。対数式には底を書かなければならないので，先程の式も厳密には $x = \log_{10}(1{,}000)$ というかたちになります。$3^x = 2{,}187$ という式の場合，同じように計算すると $x = \log_3(2{,}187) = 7$ となりますが，底が3のときには「log」ボタンが使えないため，対数表で調べる必要があります。

　科学や工学の分野では，オイラー数e（22ページ参照）を累乗した数がよく使われます。eを底とする対数は自然対数と呼ばれ，logではなくlnという記号で表されます。たとえば，$e^x = 148.413$ の両辺の自然対数をとると，$x = \ln(148.413) = 5$ と求められます。

ジョン・ネイピア（1550〜1617）

スコットランドのマーキストン城で貴族の息子として生まれました。ネイピアが生まれた当時，父親はまだ16歳だったそうです。ネイピアは対数だけでなく，小数点を発案したことでも有名です。また，その発想力は数学以外にも活かされたらしく，機知に富んだエピソードが残されています。

ネイピアは畑で作物を育てていましたが，隣人が飼っているハトが何羽も飛んできては蒔いた種をついばむことに苛立っていました。ある日，隣人に「やめさせなければハトを捕獲しますよ」と警告すると，隣人は，「もし捕まえられるものならどうぞ」と答えました。ネイピアは豆を集めてブランデーに浸すと，畑一面にばらまきました。翌日，すっかり酔っぱらったハトを一網打尽にしたということです。

もう一つ，使用人の中にコソ泥が紛れ込んだ際の，型破りなエピソードがあります。犯人が名乗りを上げないため，ネイピアは使用人全員にこう伝えました。自分のニワトリには真実を見抜く力がある，一人ずつ真っ暗な部屋に入ってニワトリをなでてみてほしい，嘘つきがなでるとニワトリが鳴く，と。実は，そのニワトリには真っ黒なすすが塗りつけてありました。部屋から出てきた使用人たちの中で，手のひらがきれいなのは一人だけ。嘘がばれるのを恐れた犯人だけは，ニワトリをなでなかったのです。

1637

ルネ・デカルトがデカルト座標系の概念を確立した年

　17世紀，フランスを代表する博学の士であるルネ・デカルトは，数学の世界に革命をもたらしました。幾何学と代数学を一緒に用いるという，まったく新しい仕組みを築き上げたのです。この仕組みは発見者にちなみ，デカルト座標系（または，カーテシアン座標系）と呼ばれています。現在は座標系の種類も増えていて，用途に応じて使い分けられています（109ページ参照）。

ルネ・デカルト（1596〜1650）

　「我思う，ゆえに我あり」。誰もが目にしたことのあるルネ・デカルトの言葉です。デカルトは近代哲学の祖として知られていますが，数学でも多大な業績を残しています。座標系の発明はもちろんのこと，標準的な指数の表記（x 自身を掛け合わせたときの「x^2」）を発明したのもデカルトです。また，ニュートンとライプニッツが確立した微分積分学（112ページ参照）は，デカルトの研究が土台となっています。

　デカルトはフランスのトゥレーヌ州ラ・エーに生まれました（1967年にデカルトという町名に改名されています）。晩年には，1649年にスウェーデンのクリスティーナ女王に招かれ，ストックホルムの宮廷に赴き，翌年の2月に肺炎で死去しました。当初，デカルトの遺体はストックホルムにある孤児用墓地に埋葬されました。その後，1666年にフランスの教会に引き取られ，1819年にまた別の教会に移されています。最後に埋葬されたときには，指の骨1本と頭蓋骨がなくなっていたそうです。

▼二次元のデカルト座標系。水平方向にx軸，垂直方向にy軸がとられ，原点で交わっています。平面は四つの象限に区切られています。

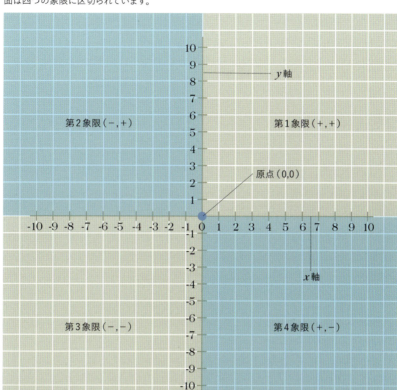

点まで進む

　最も単純なデカルト座標系では，二次元平面上の点の位置を一つに定めることができます。平面の水平方向はx軸，垂直方向はy軸と呼ばれます。また，二つの軸が交わる点は「原点（origin）」と呼ばれ，通常はアルファベットの〇で示されます。二つの軸はどちらも正と負の両方向に延びているため，座標平面は四つの領域に仕切られています。この領域のそれぞれは，右上（xとyがともに正の値の部分）から反時計回りに，第1象限，第2象限，第3象限，第4象限と呼ばれます。

　二次元平面上の特定の点は，座標(x, y)のように表します。たとえば，原点からx軸に沿って2単位進み，y軸に沿って1単位進んだ位置の点なら，座標$(2, 1)$と表せます。三次元空間内の点については，x軸とy軸に加えてz軸を使い，座標(x, y, z)と表します。

　この仕組みが優れているのは，座標平面の中の形状を方程式で表して，代数学の普通の規則で操作できる点です。たとえば方程式$y = 5$で考えてみると，xの値に関係なく常に$y = 5$となるこ

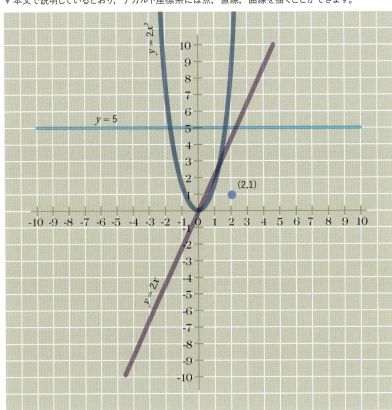

▼本文で説明しているとおり，デカルト座標系には点，直線，曲線を描くことができます。

とから，その位置の点をすべてつなぐと，y軸の5と交わる水平方向の直線になります。また，x軸の値が増えるにつれてyの値も増えていくような直線も描けます。$y=2x$の直線について考えてみると，$x=0$のときに$y=0$，$x=1$のときに$y=2$，$x=2$のときに$y=4$となるので，座標$(0,0)$，$(1,2)$，$(2,4)$の点をすべてつなぐと，座標平面に直線$y=2x$の一部が描けるのです。

まっすぐに進む

　一般的に，直線は$y=mx+c$というかたちで表されます。このmとcは数値定数で，mは直線の勾配（傾きのこと），cは直線がy軸と交わる点を表します。先程の$y=2x$を見てみましょう。勾配は2なので，x方向に1単位進むたびにy方向に2単位進み，cの方は0と等しいので，原点$(0,0)$を通ります。

座標平面上に描けるのは，直線だけではありません。x^2という項を使って二次曲線を描くこともできます。最も簡単な例は$y=x^2$です。一つの数は二つの平方根を持っているので，一つのyの

値に対するxの値も必ず二つあることになります。$y = 1$のときは$x = 1$か-1，$y = 4$のときは$x = 2$か-2となりますから，座標$(-1, 1)$，$(1, 1)$，$(2, 4)$，$(-2, 4)$に点を打ってつなぐと，「放物線」と呼ばれる形状が現れます。放物線は常に，特定の直線（この例ではy軸）を中心とする対称な形状になります。

　一般的に，放物線は$y = ax^2$というかたちで表されます。aの値が大きくなると放物線の幅は狭くなり，aの値が小さくなると放物線の幅は広くなります。また，aが負の値になると放物線は上下逆さまになります。

　さらに，座標平面上には円も描けます。原点$(0, 0)$を中心とする円は，方程式$x^2 + y^2 = r^2$で表されます。このrは円の半径です。原点から延びる長さxのx軸上の辺と原点から延びる長さyのy軸上の辺からなる直角三角形を考えると，円の半径が直角三角形の斜辺の長さに一致することに気づきます。このように円の方程式はピタゴラスの定理に対応しています。

極座標系と球面座標系

　二次元平面の点の位置を表すときには，角度を使う方が簡単な場合が多いようです。そうした表現法は極座標系と呼ばれ，地理学や天文学で活用されています。デカルト座標系では，原点からの水平距離と垂直距離で点を表しました。極座標系の場合には，原点に当たる位置は「極」と呼ばれます。極から点までの距離は動径座標（または動径）と呼ばれ，アルファベットのrで表されます。固定された直線（x軸に当たる水平線）と点の間にできる角度は角度座標（または偏角）と呼ばれ，ギリシャ文字のθで表されます。デカルト座標系の点は(x, y)で表しますが，極座標系の点は(r, θ)で表すことになります。

　デカルト座標系と極座標系は，三角関数（28ページ参照）を使って$x = r \cos \theta$，$y = r \sin \theta$とすることで，互いに変換できます。また，三次元空間にある極座標系は球面座標系と呼ばれ，「方位角」と呼ばれる角度φを加えて，座標(r, θ, φ)で点を表します。

1690

曲線の下にできる面積が「積分」と表現された年

　ルネ・デカルトによる座標系の導入は，幾何学の世界に革命をもたらしました（106ページ参照）。すでに紹介したとおり，この座標系を活用すると，さまざまな数学関数をグラフで表せるようになりました。やがて，その曲線の下にできる領域の面積を求めることが，関連する問題として浮上しました。そうした問題を扱う分野は「微分積分学」と呼ばれます。微積分を意味する英語の「calculus」は，「小石」を意味するギリシャ語に由来しています。後で見るように，微積分の創始者が誰であるのかは，イギリスの数学者アイザック・ニュートンとドイツの数学者ゴットフリート・ライプニッツの間で激しい論争がありました。

　一方で，「積分」という言葉の発案者ははっきりしています。1690年に，スイスの数学者ヤコブ・ベルヌーイは，曲線の下にできる面積を「積分」という言葉で表現しました。積分は近代微積分の重要な要素です。なお，厳密に言うと，曲線のある点からある点までの下にできる面積を求めることは「定積分」と呼びます。

　この定積分の式は，次のように表されます。

$$\int_a^b f(x)\,dx$$

これは，$f(x)$で表される曲線について，x軸上の点aから点bまで（「区間」といいます）の下の面積を求めるという意味です。

　例を使って考えてみましょう。曲線$f(x)=x^2-2x+2$について，$x=0$から$x=2$までの区間の下の面積を求めるとします（右のグラフ参照）。

　まず，この積分は次のような式になります。

$$\int_a^b f(x^2-2x+2)\,dx$$

これを積分するには，カッコ内にある各項のxの次数（指数）を

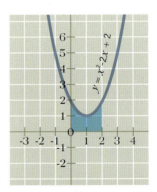

▲ 積分の演算を使うことで，曲線の下にある領域の面積を求められます。「積分」という言葉をつくったのはヤコブ・ベルヌーイです。

上げてから，その新しい指数で各項の結果を割ります。xのない項については，$x^0 (=1)$が掛けられているものと考えて，$x^1 (=x)$のように累乗すれば，結果はxと求められます。これらの結果をカッコで囲んで，カッコの右端に区間を添えます。

$$\left[\frac{x^3}{3} - x^2 + 2x\right]_0^2$$

最後に，$x=2$のときと$x=0$のとき（区間）のカッコ内の値を計算し，一つ目の結果から二つ目の結果を引きます。すると，次のように求められます。

$$\left(\frac{8}{3} - 4 + 4\right) - 0 = \frac{8}{3}$$

逆に進む

積分の逆の操作を「微分」といいます。$f(x)$の微分は，$f'(x)$または$d/dx\ f(x)$と表すのが一般的です。

先程の積分で求めた関数の微分を計算してみましょう。当然，その結果は$x^2 - 2x + 2$に戻るはずです。

$f'(x)$を求めるには，$f(x)$の各項に指数を掛け合わせてから，その指数を一つ減らします。先程の積分は次式のようになったので，

$$f(x) = x^3/3 - x^2 + 2x$$

これを微分すると，次のとおり，もとの式に戻ります。

$$f'(x) = x^2 - 2x + 2$$

微分は変化の割合を調べるための演算です。たとえば，放物線の勾配は一定ではなく，ある点を超えると傾斜が大きくなります。微分を使うことで，その勾配を調べられるのです。曲線上の特定の点における勾配の大きさを求めるときは，曲線を表す関数を微分して，そこに求めたい点の値を代入します。

たとえば，曲線$f(x) = x^2 - 2x + 2$の点$x=2$における勾配を求めたいときには，まず$f'(x)$を求めて，$2x-2$となります。ここに$x=2$を代入すると，結果は2が得られます。つまり，この曲線は点$x=2$では，正のx方向に1単位進むたびに，y方向に2単位上がることがわかりました。

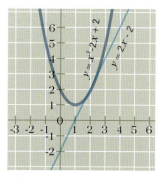

▲ 積分の逆の操作が微分です。微分の演算によって，曲線に接する直線の方程式も導けます。

1712

ニュートンとライプニッツが
微積分発見の優先権で対立した年

　微分積分学は，変化についての学問です。数学の中では最重要分野の一つであり，科学，工学，経済学といった幅広い分野でも活用されています。その発明者は誰でしょう？　18世紀の初頭，イギリスのアイザック・ニュートンとドイツのゴットフリート・ライプニッツの間で，発明者の座をめぐって論争が巻き起こりました。とくに，1712年に刊行された『書簡集』の中で，ニュートン派が証拠なるものを示した結果，対立に拍車がかかったといわれています。

アイザック・ニュートン卿
（1642〜1727）

　科学史上，最も有名な学者です。ニュートンは未熟児として生まれ，その3か月前に父親を亡くしています。成人後はケンブリッジ大学の研究職を経て，ルーカス教授職という名誉ある地位に就きました。

　ニュートンと確執があったのは，ライプニッツだけではありません。ニュートンは光と色の研究でロバート・フックと対立し，科学史からフックの存在を抹消したといわれています。ニュートンはまた光学などの伝統的な科学分野を探究しただけでなく，宗教や錬金術の研究にも打ち込みました。84歳で人生を終えるまで，独身を貫きました。現在はロンドンのウェストミンスター寺院に埋葬されています。

ゴットフリート・ライプニッツ
（1646〜1716）

　ドイツのライプツィヒ出身。ライプニッツもニュートンと同じく，幼少期（6歳の頃）に父親を亡くしています。また，錬金術もニュートンとの共通点です。ライプニッツの最初の職業は，ニュルンベルク錬金術協会の書記官でした。その後は，現在のブール代数（126ページ参照）に当たる形式論理学，位相幾何学，物理学，哲学などを研究しています。

　生涯を独身で過ごした点も宿敵ニュートンと共通しています。晩年は，盗用者という不当な評判もおそらくは手伝って，王宮の後ろ盾を徐々に失っていき，70歳のときにハノーファーでひっそりとこの世を去りました。ライプニッツの埋葬地には，50年以上もの間，墓標もありませんでした。

　ニュートンは，さかのぼれば1666年の時点で微積分を考案していたと主張しましたが，その論文が存命中に発表されることはありませんでした。一方のライプニッツは，1684年に数学史上はじめての微積分に関する論文を発表しています。ニュートンは1687年に『プリンシピア』を出版し，微積分をもとに導き出した世紀の大発見——万有引力の法則や運動の三法則——を発表しました。この中でニュートンは微積分ではなく，「流率法」という言葉を使っています。

　ライプニッツの成果が先に発表されたことから，発明者はライプニッツだと考えられなくもありません。実際，積分記号の∫をはじめ（110ページ参照），ライプニッツの考案した記号法は今も広く使われています。ニュートンの研究結果をライプニッツが盗用し，記号を変えて先に発表した，というのがニュートン側の批判です。そもそも，ニュートンとライプニッツは数学の話題で手紙を交換していました。また，ニュートンの学者仲間は『プリンシピア』の一部を回覧していて，その顔ぶれにはライプニッツの知人も含まれていました。ニュートンの研究を目にしたライプニッツが，自分の研究の発表を急いだ可能性はあるでしょう。一方，ニュートンの名声によって，ライプニッツが色眼鏡で見られるようになったのも確かです。

　現在の歴史学者の見解では，ニュートンとライプニッツは別々に微積分に到達したとされています。二人の偉大な発見は，等しく称えられるべきものなのです。

1713

ニコラウス・ベルヌーイがサンクトペテルブルクの
パラドックスを発案した年

　ベルヌーイ家は数学者の一族です。オイラー数の話題でも紹介したとおり（22ページ参照），ヤコブ・ベルヌーイは投資と利息の研究中にオイラー数 e を発見しました。また，オイラーをサンクトペテルブルクに呼び寄せたのは，ヤコブの甥であるダニエル・ベルヌーイでした。当時，サンクトペテルブルクで，ダニエルは従兄弟の数学者ニコラウス・ベルヌーイが発案した数学パズルを研究していました。パズルの案がはじめて明かされたのは1713年のことで，ニコラウスがフランスの数学者ピエール・レイモン・ド・モンモールに宛てた手紙の中でした。その後，このパズルが広く知られるようになると，この都市の名にちなんでサンクトペテルブルクのパラドックスと呼ばれるようになりました。

　このパラドックスは，ごく単純なゲームにもとづいています。最初に2ドルを賭けてコインを1回投げ，表が出れば賞金が倍の4ドルになります。さらに2回目，3回目と投げ続け，表が出るたびに賞金が倍ずつ増えていきます。裏が出た時点でゲームは終了。それまでに稼いだ賞金を獲得できます。

　たとえば，投げたコインが「表表表裏」なら，獲得賞金は8ドルということです。その賞金を受け取ってから，再びゲームを始めてもかまわないので，繰り返し何度でもプレイできます。ただし，このゲームをプレイするには，カジノの入場料を払わなくてはなりません。その場合，あなたはゲームをプレイするための入場料を，いくらまでなら払ってもいいと思いますか？

無限の期待

　このゲームを数学的にとらえるときは，「期待値」という数値を求めます。期待値とは，ある行動を永遠に繰り返せるときに得られるはずの値のことです。1回目のコイン投げで2ドルを獲得できる確率は1/2，つまり50％です。2回目もまた成功して4ドルを得られる確率は，2回連続で表が出るということなので，1/2×1/2＝1/4となります。3回目以降も同様です。

したがって，期待値Eは$(1/2 \times \$2) + (1/4 \times \$4) + (1/8 \times \$8) + (1/16 \times \$16) + \cdots$となり，プレイを繰り返した分だけ続いていきます。この式は$E = 1 + 1 + 1 + 1 + \cdots$と書き換えられますが，これ以降も無限に続くことから，さらに$E = \infty$と書き換えることもできます。要するに，このゲームをプレイすれば無限大の賞金を稼げることが見込まれるわけです。ということは，カジノの入場料がどれだけ高くても，ありったけのお金をかき集めて，すぐにでも参加した方がいいですね。

ちなみに，最初に質問を見たときに，いくらなら払えると思いましたか？　実際には，低い金額を答える人が大半だといわれています。サンクトペテルブルクのパラドックスと呼ばれる理由はここにあります。プレイ

▲ ニコラウス・ベルヌーイ（1687 ～ 1759）は，多くの数学者を輩出したスイスの名門一族の出身です。彼は，ピエール・レイモン・ド・モンモールに宛てた手紙の中で，はじめてサンクトペテルブルクのパラドックスについて論じました。

ヤーが払ってもいいと思える金額と，論理的に見込まれる賞金額とが，大きくかけ離れてしまうのです。

ただし，この期待値が成り立つためには，カジノの賞金が無限にあって，何度でも無限にプレイさせてくれることが条件となるので，現実的にはありえない話です。しかし，サンクトペテルブルクのパラドックスからも，直感がしばしばあてにならないことがよくわかります。

1,729

伝説的なタクシー数

　世の中には，数学的な性質そのものよりも，逸話のおかげで知られている数が存在します。その中で最も「伝説的」な数といえば1,729でしょう。「2番目のタクシー数」や「ハーディ＝ラマヌジャン数」と呼ばれる数のことです。

　この数の伝説は，インドの数学者シュリニヴァーサ・ラマヌジャンを抜きにしては語れません。ラマヌジャンは正式な数学教育を受けていませんが，「数学の魔術師」と呼ばれるほどの天才でした。インドの数学界で彼の研究が知られるようになると，ヨーロッパの学者たちに紹介しようとする動きが起こりました。しかし，専門的な教育を受けていないことが災いし，研究成果を送っても無視されるか，批判されるだけでした。そんなとき，イギリスの数学者G・H・ハーディが，手紙に同封されていた方程式の走り書きを見て，ラマヌジャンに興味を示しました。ハーディは後日，こう振り返っています。「これらの方程式は本物に違いない。そうでなければ，一体誰にあんなものが思いつくというのだろう」。

　ハーディは1913年2月にラマヌジャンに返事を送り，ケンブリッジに呼び寄せようとしました。ラマヌジャンは敬虔なヒンドゥー教徒でもあったため，最初は要請を断ったものの，翌年の3月には説得に応じて，イギリス行きの船に乗り込みました。共通点などほとんどないラマヌジャンとハーディでしたが，その後の5年間，数々の共同研究を行っています。しかし，イギリスでの生活は，ラマヌジャンに合わなかったようです。寒冷な気候にな

▲シュリニヴァーサ・ラマヌジャン（1887 〜 1920）（上）との雑談中，G・H・ハーディ（1877 〜 1947）（下）がタクシーのナンバーを話題にすると，ラマヌジャンはその特殊な性質をすぐさま指摘しました。

じめなかっただけでなく，菜食主義が思わぬ障害になりました。第一次世界大戦の勃発によって配給制がとられるようになり，食料の確保が難しくなったのです。病気を患ったラマヌジャンは，ロンドンのパトニーにある療養所に送られました。

　ハーディがラマヌジャンの見舞いに訪れたときのことです。ハーディはいつものように数字にまつわる話題を切り出しました。「乗ってきたタクシーのナンバーは1,729だった。つまらない数だったから，悪いことの前兆でないことを祈るよ」すると，ラマヌジャンはこう答えました。「むしろ，とても面白い数ですよ。二つの立方数の和として2通りに表せる最小の数です」つまり，1,729という数には，$1^3 + 12^3$と$9^3 + 10^3$という二つの表し方があると指摘したのです。こうして，数学の世界に新しいタイプの数が加わり，タクシー数と呼ばれるようになりました。

　ラマヌジャンは何年も前から，こうした数を思いついてはノートに書きとめていたようです。ただし，この数自体は別の数学者によって1657年にすでに発見されていました。

　この逸話の知名度の高さは，アメリカの人気アニメ『フューチュラマ』からもうかがえます。サイモン・シンの著書『数学者たちの楽園』では，『フューチュラマ』に1,729が何回登場するかが調べられています。たとえば，宇宙船「ニンバス」の登録番号がその一つです。また，あるエピソードで主人公が呼んだタクシーの屋根には，87,539,319という番号が書かれているのですが，これは二つの立方数の和として3通りに表せる最小の数です（$87,539,319 = 167^3 + 436^3 = 228^3 + 423^3 = 255^3 + 414^3$）。このように，フューチュラマのタクシー番号はタクシー数そのものなのです。

1786

ウィリアム・プレイフェアが
折れ線グラフと棒グラフを発明した年

　数字が散らばった表を眺めても，そこに隠されたパターンや傾向を直感的に読み取るのは困難です。しかし，グラフを使って視覚化すれば，一気にわかりやすくなります。最もよく見かけるグラフといえば，折れ線グラフ，棒グラフ，円グラフですが，この三つのデータの表し方は，すべて一人の人物が発明したものです。

　スコットランドの技師ウィリアム・プレイフェア（121ページのコラム参照）は，1786年に『商業・政治地図』を出版し，史上初の折れ線グラフと棒グラフを使って数か国の輸出入を時系列に表しました。さらに，1801年には『国際統計書』を出版し，円グラフを世に送り出しました。

データの種類

　データは種類に応じて，定性データと定量データの二つに分類されます。定性データとは，数値で測れないデータのことで，ものの性質を表します。定量データとは，測定によって数値化できるデータのことで，次のような二つの小分類に分かれます。

離散データ　データに含められる数値が限られている場合は，離散データ（または非連続データ）と呼ばれます。たとえば，靴のサイズは8.5や9と表記され，8.72はありえないので，離散データということになります。在籍人数やCD販売枚数などの物体を数えたデータについても，人間の一部分を配属させたり，歌の半分を買ったりはできないので，やはり離散データです。

連続データ　離散的ではないどんな数値でもとりうる場合は，連続データと呼ばれます。ただし，数値の測り方には正確さが求められます。身長，体重，温度，時間などは，どれも連続データです。連続データには棒グラフではなくヒストグラムを使います（本文を参照）。

グラフにはそれぞれに適したデータの種類があるので，記憶にとどめておくと便利です（118ページのコラム参照）。それを踏まえて，プレイフェアの三つのグラフを見ていきましょう。

折れ線グラフ

　時間とともに変化する傾向を表すときは，折れ線グラフがよく使われます。時間の単位（日，週，年など）をx軸にとり，変数の値をy軸にとって，それぞれの時点の変数値に点を打ったら，すべての点をつなぎ合わせます。つないだ線はx軸と交わっても，y軸と交わってもかまいません。

　折れ線グラフと別のグラフを一つにまとめることもできます。とくに気候のデータでは，気温を折れ線グラフ，降水量を棒グラフで示した雨温図がよく使われます。二つのグラフをまとめることで，二つの変数がどのように上下して，どのように関係するか（しないか）を比較しやすくなります。

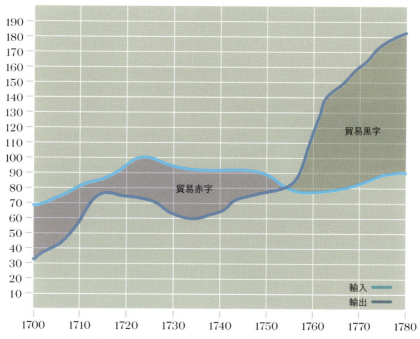

　▲ プレイフェアは折れ線グラフを使って，イギリスからのデンマークとノルウェーに対する輸出入額（単位は1万ポンド）を示しました。

棒グラフ

　棒グラフには離散値のデータしか使えません（左下のグラフ）。データを分類ごとに整理してから，通常は水平方向のx軸に配置します。この分類別という性質から，棒グラフの情報は「カテゴリーデータ」と呼ばれることもあります。垂直方向のy軸は，それぞれの分類に含まれている個数（「度数」といいます）を示します。たとえば，グループの中の何人がどんなお菓子を好むのか，何人がどんなペットを飼っているのか，などを表すグラフなら，人数が度数です。棒と棒の間には，必ず隙間をつくります。棒を並べる順番に決まりはなく，自由に入れ替えられますが，棒の幅は必ずそろえます。また，縦と横を入れ替えて，y軸に分類，x軸に度数としてもかまいません。

　連続データをグラフにするときには，棒グラフの仲間のヒストグラムを使います（右下のグラフ）。ヒストグラムでは，棒と棒の間をぴったりつけることで連続性を表現します。たとえば降雨量のピークを表す場合，x軸の曜日は連続しているので，隙間をつくってはいけません。また，棒グラフの棒は並べ替えられますが，ヒストグラムの棒は順番を変えられません。棒の幅は分類の大きさを表しているので，すべての大きさが等しいときには同じ幅で描き，大きさが異なるときにはあえて異なる幅で描きます。

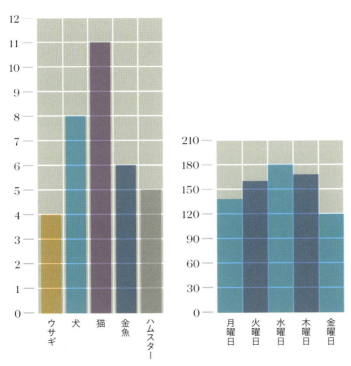

▲ 棒グラフ（左）は離散データ（カテゴリーデータ）を表し，棒の間に隙間があります。ヒストグラム（右）は連続データ（曜日別の降雨量など）を表し，隣り合う棒が接しています。

円グラフ

　円グラフは，丸い図形を分割したものです。グループ全体を一つの円として，それぞれの区画の大きさによって構成の比率を示します。

　たとえば，ある学校で1,021人の生徒の好きな科目を調査して，次のようなデータを集めたとします。

科目	生徒数
数学	432
理科	138
国語	201
歴史	133
外国語	117

　このデータから円グラフをつくるには，まず360度の円に占める各科目の割合を計算します。生徒数は1,021人なので，生徒一人分の割合は360/1,021＝0.353…度となります。したがって，それぞれの科目は次のような大きさの区画になります。

科目	計算式	大きさ
数学	432 × 0.353°	= 152.32°
理科	138 × 0.353°	= 48.66°
国語	201 × 0.353°	= 70.87°
歴史	133 × 0.353°	= 46.90°
外国語	117 × 0.353°	= 41.25°

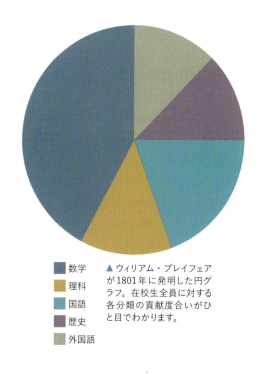

- ■ 数学
- ■ 理科
- ■ 国語
- ■ 歴史
- ■ 外国語

▲ ウィリアム・プレイフェアが1801年に発明した円グラフ。在校生全員に対する各分類の貢献度合いがひと目でわかります。

ウィリアム・プレイフェア（1759〜1823）

　折れ線グラフ，棒グラフ，円グラフといった，至るところで見かけるグラフの発明者なのですが，その名前はほとんど知られていません。1759年にスコットランドで生まれ，13歳の頃に父親を亡くして，兄のジョンに育てられました。ジョンものちに数学者になっています。

　プレイフェアは，一時は技師としてジェームズ・ワットの助手を務めましたが，数学者のガロアと同様にフランス革命に惹かれ，1787年にパリに移り住みました。名誉毀損で訴えられかけたことで，帰国を余儀なくされましたが，王政が復活すると再びパリに渡っています。最終的にはイギリスに戻り，1823年2月11日にロンドンのコベントガーデンで亡くなりました。

1822

チャールズ・バベッジが階差機関を提案した年

　現在のコンピューターは，複雑な計算をするだけでなく，日常生活のあらゆるところで使われています。数学の世界では，1976年にはじめてコンピューターを使った証明に成功しましたが，ある種の計算機が考案されたのは，その150年以上も前でした。1822年に，イギリスの発明家チャールズ・バベッジは，多項式関数の値を自動で計算するアイデアを公表しました。

　多項式関数とは，複数の項の和や差からなる数式のことです。項には累乗（2乗，3乗など）も含まれますが，その指数には必ず正の数が使われます（つまり，x^2は使えて，x^{-2}は使えません）。

チャールズ・バベッジ（1791～1871）

　ロンドン出身。銀行員の家庭に4人の子どもの長男として生まれました。幼少期には高熱を出して命を落としかけています。成長後はケンブリッジ大学で数学を学び，卒業から2年後の1814年に王立協会フェロー（FRS）という名誉を授かっています。1828年にはケンブリッジ大学のルーカス教授職に就きました（アイザック・ニュートンや最近ではスティーヴン・ホーキングが務めています）。

　1871年に腎不全で死去しましたが，脳は保存されました。現在，バベッジの脳の半分はロンドンの科学博物館に展示され，もう半分はロンドンのハンテリアン博物館で保管されています。

たとえば，$f(x) = x^2 + x + 1$が多項式関数です。この記号fは関数を表し，(x)は「関数の値がxの値に応じて変わる」ことを意味します。ここに$x = 1$を代入すると$f(x) = 3$となり，$x = 2$を代入すると$f(x) = 7$となります。こうして計算していった値を書きこんで，多項式の数表をつくるのですが，19世紀にはこの作業が人間の頭脳と手によって行われていました。当然，数表には計算ミスや誤字が紛れ込みます。バベッジは，これをどうにかして機械に自動で計算させたいと考えました。そして，「階差機関」を設計したのです。数字の書かれた歯車の列に動力を伝え，計算を実行するという仕組みでした。

早すぎた援助

イギリス政府はバベッジの発明に価値を見出し，機械の製作に1,500ポンドの初期費用を援助しました（現代の価値で約3,000万円もの金額です）。しかし，バベッジの存命中に階差機関が日

▲ チャールズ・バベッジが構想した計算機。歯車の列で自動計算を行います。この機械がもとになり，史上初のコンピューターが発明されました。

の目を見ることはありませんでした。完成しなかった理由としては，バベッジの設計が当時の技術力を超えていたという説や，主任技師のジョセフ・クレメントとバベッジが内輪もめしたという説があります。いずれにしても，プロジェクトは20年後に打ち切られ，最終的には17,000ポンド以上が無駄になりました。

バベッジは階差機関の製作中に，「解析機関」の構想も思いついています。解析機関とは，カードに無数の穴をあけて情報を記録し（いわゆるメモリー），そのカードを内部に送り込むことで計算を実行する機械です。これは，史上はじめて設計された汎用コンピューターでした。

バベッジ自身は，階差機関も解析機関も完成させることなく亡くなりましたが，1991年のバベッジ生誕200年に際して，ロンドンの科学博物館が階差機関を復元しました。

1837

ポアソンがポアソン分布を発表した年

　ポアソン分布とは，統計学で用いられる確率分布の一つです。ある事象が過去に起こっていて，平均確率がわかっているときに，同じ事象が起こる確率を表します。フランスの数学者シメオン・ドニ・ポアソン（次ページのコラム参照）によって，1837年の論文「刑事・民事事件における判決の確率に関する調査」ではじめて発表されました。ただし，フランスの数学者アブラーム・ド・モアブルが1711年に同様の発表をしていたともいわれています。

　ポアソン分布が生まれたきっかけは，刑事事件で冤罪が発生する確率を調べたことでした。この分布があてはまるもっと興味深い実例は，ロシアの経済学者ヴラディスラフ・ボルトキエヴィチが1898年に出版した『少数の法則』で述べられています。この本によると，プロイセン陸軍の兵士について，20年間の死亡原因を調べたところ，馬に蹴られて亡くなった人数がポアソン分布にしたがっていたそうです。

　ポアソン分布にしたがう場合，次のような数式が成り立ちます。

$$P(x) = \frac{\mu^x e^{-\mu}}{x!}$$

　この$P(x)$は，ある事象が過去に平均μ回起こっていたときに，その事象が所定の期間中にx回起こる確率を意味します。記号eはオイラー数（2.718…）を表し，記号!は階乗を表します。

　今回も具体例で考えましょう。イングランドプレミアリーグ（EPL）は1992〜93年シーズンに創設されたサッカーリーグです。視聴者数は約47億人にのぼり，世界で最も高い視聴率を誇ります。2014〜15年シーズン末までで，1試合当たりの平均ゴール数は2.63回でした。さて，次の試合で7ゴールの快挙を達成する確率はいくらでしょうか？　これをポアソン分布で求めてみましょう。

　前シーズンまでの平均ゴール数は$\mu = 2.63$で，次回の試合で見たいゴール数は$x = 7$なので，

ポアソン分布の式に代入すると次のようになります。

$$P(7) = \frac{2.63^7 e^{-2.63}}{7!} = 0.012\cdots$$

　この結果，次の試合で7ゴールを記録する確率は，およそ1％であることがわかりました。この正しさを大まかに確かめるために，大手ブックメーカーの予想サイトをのぞいてみました。次に予定されているEPLの試合（リバプール対ボーンマス戦）の予想を検索してみると，7ゴール入って4対3でホームが勝利するオッズは100対1と書かれていました。

シメオン・ドニ・ポアソン（1781～1840）

　ポアソンの名前を冠した専門用語のほんの一部を見ただけでも，数学と物理科学にどれほど貢献したかがわかります。ポアソン分布を手はじめに，ポアソン過程，ポアソンサンプリング，ポアソン回帰，ポアソン括弧，ポアソン比など，リストはまだまだ続きます。

　ポアソンはフランスのピティビエで，軍人の息子として生まれました。パリの名門大学であるエコール・ポリテクニークに入学し，わずか2年で重要な数学論文を数本書き上げました。また，ナポレオンの要請でグルノーブル大学に赴任したジョゼフ・フーリエに代わって，1806年にエコール・ポリテクニークの教授に任命され，教師としても高い評価を得ました。ポアソン自身は次のように語ったといわれます。「数学を学び，数学を教える。この二つだけで人生はすばらしい」。

1847

ブール代数が定式化された年

現代の世界は，1と0で成り立っています。コンピューターチップに記録された情報は0と1の配列として表わされ，その数の一つひとつは二進数（またはビット）と呼ばれています。8ビットは1バイトに相当するのですが，メガバイト，ギガバイト，テラバイトなどの言葉なら，日頃の会話でも使っているのではないでしょうか。

従来の十進数を扱う代数があるように，二進数だけを扱う代数も存在しています。イギリスの数学者ジョージ・ブールが確立したブール代数（ブール論理）です。ブール代数では，「1と0」の代わりに「真と偽」という表記がよく使われます。基本演算は次の三つです。

▲ イギリスの数学者ジョージ・ブール（1815 ～ 1864）。デジタル革命を導いた基本原理の多くは，ブール論理を土台としています。

AND（かつ）　「論理積」とも呼ばれ，記号∧で表される。
OR（または）　「論理和」とも呼ばれ，記号∨で表される。
NOT（ではない）　「論理否定」とも呼ばれ，記号¬で表される。

身近な例を使ってブール演算を見てみましょう。たとえば，「好きな番組が放送されている」かつ「雨が降っている」ときにだけ，テレビを見ようと決めたとします。この組み合わせを「真理値表」で表します。

命題A　好きな番組	命題B　雨	結果　テレビを見る
真	真	真
偽	真	偽
真	偽	偽
偽	偽	偽

言うまでもありませんが，テレビを見るという結果になるのは，決めておいた条件が両方とも「真」のときだけです。「真」や「偽」を何度も書くのは大変なので，真なら「1」，偽なら「0」と書いてもかまいません。1と0を使うと次のようになります。

A	B	結果
1	1	1
0	1	0
1	0	0
0	0	0

　今度は条件を変えてみましょう。「好きな番組が放送されている」または「雨が降っている」ときにテレビを見るなら，真理値表は次のように変わります。

A	B	結果
1	1	1
0	1	1
1	0	1
0	0	0

　真理値表を一つにまとめて，二つの可能性を同時に示すこともできます。

A	B	A ∧ B	A ∨ B
1	1	1	1
0	1	0	1
1	0	0	1
0	0	0	0

　コンピューターの内部では，電子素子からなる「論理回路」によって，このようなブール演算が実行されています。論理回路の組み合わせを変えることで，さまざまなタスクの実行が可能になるのです。

1850

「行列」という言葉がはじめて数学で使われた年

　ポップカルチャーの世界でマトリックスといえば，主人公のネオや，スローモーションでの壮大な戦い，緑色の数字が雨のように降りそそぐスクリーンが思い浮かびます。一方，数学の世界のマトリックスは，整然と数字が並んだ「行列」を指します。

　行列とは，いくつかの数を行と列のかたらに配置したものです。行列を構成する行数と列数にもとづいて，たとえば二つの行と三つの列からなる行列なら，「2×3型行列」のように表します。行列はあらゆるところで使われており，座標の情報を表すときなどにも役立っています。

　行列の中にあるそれぞれの数は「成分」と呼ばれます。ジェームス・ジョセフ・シルベスターが1850年にはじめて「行列（matrix）」という言葉を使うまで，成分をこのように並べたものは「配列（arrays）」と呼ばれていました。通常の数やブール代数（126ページ参照）と同じように，行列にも加算，減算，乗算，除算のルールがあります。

▲ ジェームス・ジョセフ・シルベスター（1814 ～ 1897）が「行列」という言葉を使うまで，数や記号を並べたものは「配列」と呼ばれていました。

　二つの行列の足し算と引き算は，行数と列数が一致している行列同士でしか行えません。足し算をするときは，同じ位置にある成分同士を足し合わせることで，新しい行列をつくり出します（引き算でも同様です）。たとえば，2×2型行列Aと2×2型行列Bは，どちらも二つの行と二つの列で構成されるので，成分同士を足し合わせることができます。行列はアルファベットの大文字の太字で表すのが一般的です。

$$A = \begin{bmatrix} 1 & 2 \\ 3 & 4 \end{bmatrix} \quad B = \begin{bmatrix} 1 & 3 \\ 5 & 7 \end{bmatrix} \quad A + B = \begin{bmatrix} 2 & 5 \\ 8 & 11 \end{bmatrix} = C$$

掛け算はもう少し複雑になります。二つの行列を掛け合わせられるのは，一つ目の列数と二つ目の行数が一致するときだけです。つまり，2×3型行列と3×2型行列の掛け算は可能ですが，2×3型行列と2×3型行列の掛け算は不可能です。

　行列の掛け算をするときは，「ドット積」を計算することで，新しい行列の成分をつくり出します。次のような行列EとFについて考えてみましょう。

$$E = \begin{bmatrix} 1 & 2 & 3 \\ 4 & 5 & 6 \end{bmatrix} \quad F = \begin{bmatrix} 7 & 8 \\ 9 & 10 \\ 11 & 12 \end{bmatrix}$$

　まず，Eの1行目とFの1列目を使ってドット積を計算します。式で表すと$(1, 2, 3) \cdot (7, 9, 11)$となり，$1 \times 7 + 2 \times 9 + 3 \times 11 = 58$と求められます。さらに，Eの1行目とFの2列目，Eの2行目とFの1列目，Eの2行目とFの2列目で，同じようにドット積を計算します。すると，次のような行列Gが求められます。

$$G = \begin{bmatrix} 58 & 64 \\ 139 & 154 \end{bmatrix}$$

　掛け算でつくられる新しい行列は，一つ目の行列と同じ行数，二つ目の行列と同じ列数という構成になります。

　割り算をするときには，まず「逆行列」を求めてから，もとの行列に逆行列を掛け合わせます（掛け算の手順は先程と同じです）。ある数を2で割る代わりに，2の逆数（つまり1/2）を掛けるのと同じ考え方です。行列Aの逆行列はA^{-1}と表します。

$$A = \begin{bmatrix} a & b \\ c & d \end{bmatrix} \text{のとき，逆行列は} A^{-1} = \frac{1}{ad-bc} \begin{bmatrix} d & -b \\ -c & a \end{bmatrix}$$

　逆行列を求めるには，aとdを入れ替えるとともに，bとcにマイナス記号をつけます。カッコの外の分母の式は「行列式」と呼ばれるものです。行列式を求めるには，行列Aの対角線上にある成分同士を掛け合わせ，一方の結果から他方の結果を引きます。

　もとの行列に逆行列を掛け合わせると，計算結果は「単位行列」になります。単位行列（記号Iで表します）とは，通常の数でいえば1と同じものです。2×2型行列の単位行列は，次のように表します。

$$I = \begin{bmatrix} 1 & 0 \\ 0 & 1 \end{bmatrix}$$

　行列はちょっと難しく感じるかもしれません。しかし，現代社会を陰で支える存在として，数学，工学，物理学から，果てはコンピューターゲームの設計まで，幅広い分野で活用されています。

1858

メビウスの帯が発見された年

　メビウスの帯は，数学の中でもとくに有名な図形の一つです。ドイツの数学者アウグスト・メビウス（次ページのコラム参照）は，簡単につくれる不思議な輪を発見しました。細長い紙切れを用意して，一方の端を半回転ひねってから，端と端を貼り合わせれば，メビウスの帯の出来上がりです。何の変哲もない輪っかに見えますが，風変わりな性質をたくさん持っています。

　一つ目は，表と裏がないという性質です。帯を貼り合わせる前に，片方の面を赤く塗り，もう片方の面は青く塗ってあったとします。ところが，赤い方の面を指でなぞっていくと，継ぎ目を通りすぎて青い面になり，最後はもとの赤い面に戻ります。ふちを乗り越えたわけでもないのにです。しかも，戻ったときには帯の上下も入れ替わっています。数学的には，こうした図形を「向きつけ不可能」であると表現します。

　メビウスの帯には面が一つしかないうえに，ふちも一つしかありません。ふちの1点に指を置き，先程のようになぞってみてください。もとの点の反対側を通ったかと思うと，再びもとの点に戻ってくるはずです。

▼メビウスの帯は不思議な図形です。面もふちも一つずつしかありません。赤い表面を指でなぞっていくと，裏返してもいないのに，青い裏面にたどり着きます。

アウグスト・フェルディナント・メビウス（1790〜1868）

　ドイツのシュルプフォルタ出身。有名なプロテスタントの宗教改革家マルティン・ルターの子孫です。父親はダンス教師でしたが，メビウスが3歳の頃に死去しています。メビウスは13歳まで自宅で教育を受け，地元の学校に進学した後，ライプツィヒ大学に入学しました。1813年にはゲッティンゲン大学に移り，有名な数学者・天文学者であるカール・フリードリヒ・ガウス（70ページ参照）のもとで学びました。

　メビウスの帯を発見したことで知られていますが，恒星食に関する論文で天文学の博士号を取得しています。メビウスの帯の最初の発見者ではないという説もあり，一部の歴史学者はドイツの数学者ヨハン・ベネディクト・リスティング（1808 〜 1882）による発見が先だったと主張しています。ちなみに，「位相幾何学」という数学用語を考案したのはリスティングです。

予期せぬ期待

　メビウスの帯を半分に切ると，さらに奇妙なことが起こります。普通の輪を中心線に沿って切った場合，二つの輪に分かれることは想像がつきますね。半分に切ったのですから当然です。ところが，メビウスの帯を中心線で切ると，一つの大きな輪になります。しかも，半ひねりは四つに増えています。

　また，最初につくるときに半回転のひねりを入れますが，この方向が時計回りか反時計回りかによって，メビウスの帯の見た目が変わります（基本的な性質は変わりません）。時計回りでできる輪と反時計回りでできる輪は，単なる相手の鏡像ではないからです。こうした性質を「掌性（キラリティ）」といい，それぞれの輪を「右手系」と「左手系」などといいます。

　メビウスの帯のような概念は，位相幾何学（トポロジー）という分野で扱われています。この分野はケーニヒスベルクの橋の問題に取り組んだオイラーが始めました（40ページ参照）。オイラーが身近な問題を解決したように，メビウスの帯の研究も実社会に応用されています。BFグッドリッチ・カンパニーが特許を取得したベルトコンベアもその一例です。ベルトをメビウスの帯状にすることで，各面の摩耗が均一になり，ベルトの耐用年数が2倍に延びたそうです。

1880

ジョン・ベンがベン図を考案した年

　数学では，グループ同士の関係を表現したいときにベン図を使います。ベン図とは，イギリスの数学者ジョン・ベンが考案した図式です。このグループは「集合」と呼ばれているので，ベン図は集合論の一分野ということになります。

　次のページの図の中には，1から10までの数字が書き込まれています。これを使ってベン図の描き方を確かめていきましょう。まずは「全体集合U」と呼ばれる長方形の枠を描きます。ここでは1から10までの数を使って，偶数と素数の二つの集合に分ける場合を考えましょう。枠の中に偶数と素数の二つの集合の円を描いてから，それぞれの数を書き込みます。また，偶数であり素数でもある2が含まれているので，二つの円を重なるように描いておき，この重なった部分に2を書き込みます。偶数でも素数でもない1と9は，円の外に書きますが，長方形の枠（全体集合）からはみ出してはいけません。

ジョン・ベン（1834〜1923）

　聖職者の家系に生まれ，厳格な家庭教育を受けました。ケンブリッジ大学で数学を学んだ後，一度は司祭になりましたが，数年後に大学に戻っています。ケンブリッジ大学在職中に，彼は集合を簡易的な図として表現するアイデアを思いつきました。ベンは自身のひらめきについて，こう述べています。「もちろん，当時，それは新しいアイデアではなかった。しかし，数学的に問題を扱うときには，誰だって命題を視覚的に表そうとするものだ。これは一目瞭然に描けるアイデアとして浮かび，その場でかたちにせずにはいられなかった」。

　ベンの言うとおり，ベン図には前身がありました。数世紀前に発明されていたレオンハルト・オイラーのオイラー図にちなみ，ベン本人はベン図を「オイラー円」と呼んでいました。

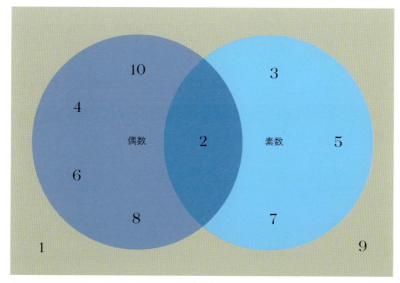

▲ 1から10までを二つの集合に分けたベン図。偶数と素数はそれぞれの円の中に，偶数でも素数でもない数は円の外に配置されています。

　全体集合はいくつかの部分から構成されています。それぞれの名称と表記法は次のとおりです。

共通部分　二つの集合が互いに交わる部分。集合Aと集合Bが交わるときは，一般的にA∩Bと表します。1から10までの中に「偶数」かつ「素数」は一つしかありません。

和集合　集合Aか集合Bのどちらかに属している要素。和集合はA∪Bと表します。1から10までの中の「偶数」または「素数」であるすべての数です。

対称差　一方の集合に属していて，他方の集合には属さない要素。つまり，集合Aと集合Bから共通部分を除いたすべての数です。対称差はA△Bと表します。

（絶対）補集合　全体集合に含まれていて，ある集合にだけ属さない要素。「集合Aの絶対補集合」という場合，1から10までの偶数以外のすべての数を指し，素数であるかどうかは問いません。A^cと表すのが一般的ですが，A'や$\overline{A}$と表すこともあります。

相対補集合　ある集合から共通部分を除いた要素。「集合Bにおける集合Aの相対補集合」という場合，素数の中から偶数を抜きとって，残った数のことを指します。1から10までの中では3，5，7が相対補集合です。B−AまたはB＼Aと表します。

1882

クラインの壺が発明された年

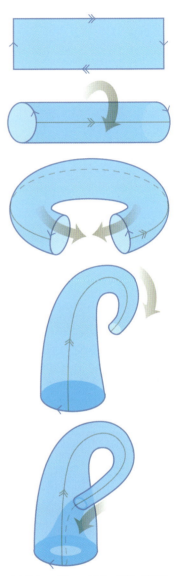

クラインの壺は，メビウスの帯（130ページ参照）と似たような，向きつけ不可能な曲面です。「壺」という呼び方は，本来はふさわしくないのかもしれません。クラインの壺には不思議な性質があるため，普通の壺のように水を溜めておけないどころか，注ぎ入れた水はもとの口へと戻ってきてしまいます。

何はともあれ，クラインの壺をつくってみましょう。長方形の柔らかいシートを用意して，対辺同士に図のような矢印

フェリックス・クライン（1849～1925）

ドイツのデュッセルドルフ出身。19世紀後半の中心的な数学者です。群論（53ページ参照）や複素数（102ページ参照）などを研究しましたが，もともとは物理学者を目指し，ボン大学で物理学と数学を専攻しました。プロイセン陸軍での短期間の従軍の後，23歳の若さで教授に任命されています。後年はゲッティンゲン大学に数学研究所を設立し，ドイツの数学者ダビット・ヒルベルト（55ページ参照）を教授に迎え入れました。また，学校教育での数学のカリキュラムの策定にも貢献しました。

▲ クラインの壺のつくり方。円筒の両端をはり合わせるときに，矢印の向きをそろえる必要がありますが，三次元空間では円筒に穴をあける以外に方法はありません。

を書いておきます。円筒状に丸めて長辺同士をはり合わせたら，ドーナツ状に曲げて端と端を合わせてみてください。それぞれの矢印が互い違いになりますね（一方は上向きで，もう一方は下向きです）。この矢印の向きを一致させるには，一方の端を円筒の途中に差しこんで，円筒の中を通すようにして，もう一方の端と貼り合わせます。これで矢印の向きはそろいましたが，別の問題が生じます。位相幾何学の考え方では，二つの図形の穴の個数が等しくなければ，等しい図形とはみなされません。端を通すための穴を円筒にあけたことによって，位相的に異なる図形になってしまったのです。

　これは，クラインの壺が三次元空間には存在できないことを意味します。仮想的な四次元空間であれば，別次元を使って円筒の外側から両端をはり合わせられるので，穴を円筒にあける必要はなくなります。三次元空間でつくった近似的なクラインの壺は，穴あきのクラインの壺と呼ばれます。

面が一つでふちがない

　ある意味で，クラインの壺は球体に似ています。どちらも表面が「閉曲面」だからです。地球を例に考えてみましょう。家の玄関を出たところから，まっすぐ歩いていくとします。陸でも海でもおかまいなしにひたすらまっすぐ歩いていると，最終的には家の前に戻ってきますが，そのまま限りなく進み続けることもできます。クラインの壺の表面をアリが歩いていくとしたら，やはり，境界やふちに突き当たることなく，いつまでも進むことができるでしょう。ただし，球体には二つの面（内側と外側）がありますが，クラインの壺には面が一つしかありません。たとえば，バスケットボールの上をアリが歩いていたとして，ボールの外側から内側に入るには，どこかで境界を超えなければなりません。ところが，クラインの壺の上を歩いているアリは，境界を越えたりしなくても，まっすぐ進んでいるだけで外側から内側に行き着きます。

　クラインの壺は，一つの大きな面なのです。面なので体積を持たず，必然的に，液体も入れられません。

▶ 三次元空間の近似的なクラインの壺は，穴あきのクラインの壺と呼ばれます。この壺には水を溜められますが，本物のクラインの壺には溜められません。

1936

第1回目のフィールズ賞が授与された年

　1997年に公開されたアカデミー賞受賞作品『グッド・ウィル・ハンティング』の主人公ウィル・ハンティング（演マット・デイモン）は，貧しい地区で生まれ育った青年ですが，天才的な数学の才能を持っていました。ある日，大学の黒板に書き残された数学の難問を解いたことで，数学教授のジェラルド・ランボーの目にとまります。ランボーに解けない難問さえも，ウィルはあっさり解いてみせるのでした。この作品の中で，ランボーはフィールズ賞の受賞者であり，友人のショーン（演ロビン・ウィリアムズ）はフィールズ賞の受賞を「大変な快挙」と評しています。

　フィールズ賞は，いわゆる「数学のノーベル賞」です。ノーベル賞には数学分野がなく（経済学賞は数学にも関連しますが），受賞者は毎年選ばれます。しかし，フィールズ賞の発表は4年に1回しかないうえに，受賞者は少なければ二人，多くても4人程度です。また，若手の奨励を目的としているため，受賞者の年齢は40歳未満に制限されています。

▲フィールズ賞は，40歳未満の数学者を対象に，4年ごとに授与されます。カナダの数学者ジョン・チャールズ・フィールズが提唱し，資金を提供するとともに，メダルもデザインしました。

ジョン・チャールズ・フィールズ（1863〜1932）

　カナダのオンタリオ州ハミルトン出身。1884年にトロント大学を卒業した後，アメリカに移って博士号を取得しています。1891年に北米からヨーロッパに渡り，フランスとドイツを拠点としました。ヨーロッパでの研究中には，フェリックス・クライン（134ページ参照）などの高名な数学者たちと交流しました。

　1902年にカナダに戻ると，数学の知名度の向上に取り組みます。学問の世界にとどまらず，世間の関心を広く集めることを目指して，数学分野の賞を構想しました。それがのちのフィールズ賞です。第1回の授賞式が行われたのは彼の死から4年後でしたが，フィールズ賞に47,000ドルの遺産を残しました（1932年としてはかなりの金額です）。フィールズは，カナダのハミルトン墓地に埋葬されています。

　授賞式は，国際数学者会議（IMU）の会合で行われ，15,000カナダドル（約125万円）の賞金が贈られます。カナダドルで支払われるのは，創設者がカナダ人だからです。カナダの数学者ジョン・フィールズ（上のコラム参照）は，資金を提供しただけでなく，受賞者に贈られるメダルのデザインも手掛けました。他に数学の賞としては，アーベル賞（ニールス・アーベルに由来）が，2002年にノルウェー政府によって設立され，賞金は600万ノルウェークローネ（約8,100万円）です。

　第1回のフィールズ賞の授賞式は，1936年にノルウェーのオスロで行われました。受賞者は，フィンランドのラース・アールフォルスとアメリカのジェス・ダグラスでした。第2回は1950年（マサチューセッツ州ケンブリッジ）でしたが，それ以降は4年ごとの開催となっています。

　フィールズ賞を女性が受賞するまでには，数十年を要しました。イランのマリアム・ミルザハニは，リーマン面の力学と幾何学に関する研究で，2014年に女性初の受賞に至りました。

　1954年に球面の研究で受賞したフランスのジャン＝ピエール・セールは，最年少受賞者として知られています。受賞当時，彼はまだ27歳でした。2006年，ロシアのグリゴリー・ペレリマンは，ポアンカレ予想の研究で受賞者に選ばれたものの，はじめての辞退者になりました。ペレリマンは，クレイ数学研究所のミレニアム賞も辞退しています（153ページ参照）。

1995

フェルマーの最終定理の証明が発表された年

　本書では数々の定理を紹介していますが，フェルマーの最終定理は，問うのは簡単でも答えるのは最も難しい問題の一つです。すでにご存知のとおり，直角三角形の三辺を $a^2 + b^2 = c^2$ という公式で表せることは，ピタゴラスによって発見されました（15ページ参照）。また，この公式を満たす a と b の値については，何通りもの組み合わせが考えられます（実際，組み合わせは無限に存在します）。

　17世紀のこと，フランスの数学者ピエール・ド・フェルマーはこんな疑問を持ちました。「この公式の指数が2より大きいときにも，同じ関係は成り立つのだろうか？」。要するに，$a^3 + b^3 = c^3$ や $a^4 + b^4 = c^4$ を満たすような a と b の値を見つければいいわけです。結局，フェルマーはその値を特定できませんでした。しかし，そのままあきらめたりはせず，特定できないのは存在しないからだという仮説を立てました。

　フェルマーには愛読書の余白にメモを書き込む癖があり，1637年頃に「仮説の証明法を見つけたが，この余白は狭すぎて記せない」と書いています。実は，フェルマーの本職は弁護士で，仕事の合間の趣味が数学でした。それを考えると，こうした偉業は驚異的というほかありません。

　それから約30年後，フェルマーの死後のことですが，遺品を整理していた息子によって，いくつもの数学的な仮説が書きこまれた愛読書——ディオファントスの『算術』——が発見されました。

　フェルマーの息子は，この『算術』を注釈付きの改訂版として出版することにしました。フェルマーのアイデアの一つひとつは，それから数百年にわたって，何人もの数学者によって，実際に正しいことが証明されていきましたが，誰にも証明できない仮説が一つだけありました。最後に残ったその難題が，指数が2より大きいピタゴラスの公式だったのです。そしていつしか，フェルマーの最終定理と呼ばれるようになりました。

証明を見つける

この証明には，初期の段階で，いくつかの進展がありました。フェルマー自身も書き込みの中で，指数が4のときに公式が成り立たないことを証明しています。19世紀の中頃には，3，5，7でも成り立たないことが証明されました。そうして，指数が400万以下の素数であるときは，フェルマーの定理が正しいというところまでは解明されました。

すべての指数について証明されたのは，1995年のことでした。イギリスの数学者アンドリュー・ワイルズが，ようやく完全な証明の発表にこぎつけたのです。ワイルズがフェルマーの最終定理に出会ったのは10歳の頃でした。図書館で手にした本でこの定理を知り，幼いながらも，自分が証明してみせると決意したといいます。あまりの難しさから，一度は夢をあきらめかけましたが，30代の頃に研

▲ ピエール・ド・フェルマーの銅像の横に立つアンドリュー・ワイルズ（1953〜）。この台座に刻まれた定理の証明を1995年に発表しました。

究を再開すると，それから6年間，周囲に知らせることもなく，この定理の証明に集中的に取り組みました。再びあきらめそうになりながらも，1994年9月，ついに最後の問題点を解決し，完全な証明に成功しました。この功績はエリザベス女王にも認められ，2000年にナイトの称号を授与されました。

2006

ゴムボック問題が解決した年

　子どもの頃に起き上がりこぼしで遊んだ経験はありますか？　何度倒しても自然に起き上がってくる，卵型のちょっと不気味な，小人のような人形です。内部のおもりを調整しておくことで，重力に引かれてもとの位置に戻ってくる仕組みになっています。

　では，全体が単一の素材からなり，全体の重さも均一で，それでいて自然に起き上がる——そんな形状は存在するでしょうか。ロシアの数学者ウラジーミル・アーノルドは，1995年にこの問題を提起したうえで，存在し得ると予想しました。数学的にいうと，安定した平衡点を一つだけ持たせた形状は，平らな面に置いてある限り，永遠に均衡状態を保ちます。どのような向きで置いても，自力でこの安定点に戻ろうとするため，倒しても自然に立ち上がります。

　この形状を実際に発見したのは，ハンガリーの科学者ガーボル・ドモコシュとペーテル・バルコニーでした。二人は2006年に「ゴムボック」という形状にたどり着いたのです。適切な形状を探し求めていた当時，ドモコシュは妻と休暇でギリシャの海辺を訪れました。ドモコシュたちは2,000個もの小石を拾い集めて，自力で起き上がるかどうかを確かめました。しかし，そんな小石は一つもなく，研究を検討し直すことになったそうです。ちなみに，ゴムボックはわずかな誤差でも起き上がれなくなるので，0.1％単位の精密さでつくられています。

▼ 全体の重さが均一なゴムボック。自然に起き上がらせるには，0.1％以内の精度でつくらなければなりません。

3,435

唯一のミュンヒハウゼン数

1943年に公開されたドイツ映画『ほら男爵の冒険』には，ヒエロニュムス・フォン・ミュンヒハウゼン男爵という主人公が登場します。映画の中で男爵は，大砲から放たれた砲弾にまたがって，トルコの要塞まで飛んでいき，そこで捕虜になってしまいました。ただし，これは男爵自身が語った冒険談にもとづくので，真偽のほどは定かではありません。ミュンヒハウゼン男爵は，体験談を大げさに語り聞かせる人物として知られていて，その名を冠したミュンヒハウゼン数も，目立ちたがりな数とみなされています。

本当のミュンヒハウゼン数は，1を除くと3,435の一つしかありません。ミュンヒハウゼン数とは，$3{,}435 = 3^3 + 4^4 + 3^3 + 5^5$ となるような数，つまり，各桁をその値で累乗してから足し合わせると，自分自身に等しくなる数のことです。1もミュンヒハウゼン数ではありますが，そもそも1桁しかなく，$1^1 = 1$ となるだけですから，当たり前すぎて特殊でも何でもありません。

▲ ヒエロニュムス・フォン・ミュンヒハウゼン男爵は物語の登場人物です。その名を冠したミュンヒハウゼン数は，男爵にも引けをとらない目立ちたがり屋な数です。

また，ミュンヒハウゼン数を0，1，3,435，438,579,088の四つとする考え方もあります。この場合は $0^0 = 0$ という定義にもとづいて，0と438,579,088が加えられています。通常は，ある数を0乗すると常に1となり，0を0乗すると「未定義」となります。試しに電卓で計算してみると，答えは0ではなく「ERROR（エラー）」になるはずです。0を0で割るのと同じように（11ページ参照），0^0 には答えが存在しません。

そういうわけで，2桁以上の純粋なミュンヒハウゼン数——それぞれの桁に分けてから，桁自身の値で累乗し，それらを足すともとに戻る数——は，3,435だけだといえます。

5,050

1から10までの合計

カール・フリードリヒ・ガウス（1777 ～ 1855）は，歴史上最も偉大な数学者の一人です。幼い頃から人並みはずれた数学の才能を見せていて，多くの逸話を残していますが，小学校での出来事はもはや伝説と化しています。

ガウスが10歳の頃でした。小学校の授業の中で，1から100までの数をすべて足すという課題が出されました。終わった者から見せにくるようにと教師が言うと，ガウスはすぐさま立ち上がり，教師のもとに駆け寄りました。そして，5,050という数字を見せたのです。どの生徒も必死に計算している最中だったので，教師はひどく驚いたといいます。

ガウスの答えは，もちろん正解でした。一瞬で計算を終えられたのは，頭から順に足していくよりも速い解き方をひらめいたからでした。1から100までのすべての数には，足すと101になるペアが存在します（100 ＋ 1，99 ＋ 2，98 ＋ 3のようなペアです）。ペアが全部で50組ということに気づきさえすれば，101 × 50を計算するだけで，あっという間に5,050という答えがわかるのです。

ガウスはその後，数学の世界に革命をもたらしましたが，研究に没頭しすぎる傾向にあったようです。こんな逸話が残っています。妻の危篤を知らされたガウスは，「少し待つように妻に言ってくれ。もうほとんど終わったから」と答えたそうです。

▲ カール・フリードリヒ・ガウスの神童伝説は有名です。どこまで真実かはわかりませんが，興味深い話であることは間違いありません。

6,174

カプレカ定数

　1949年に，インドの数学教師D・R・カプレカ（1905 ～ 1986）は，6,174という数の面白い性質を発見しました。4桁の数のそれぞれの桁の値が異なるとき，この数に特定の操作をほどこすと，必ず6,174に到達するのです。この数は，発見者の名にちなんでカプレカ定数と呼ばれています。

　まずは，その操作を見ていきましょう。任意の4桁の数を選んだら，各桁の値を入れ替えて，大きい順に並べた数をつくります。次に，小さい順に並べた数をつくります。最後に，大きい順の数から小さい順の数を引いてください。ここまでがひとまとまりの操作です。こうして求めた差を使いながら，同じ操作を繰り返していくと，最終的に6,174に到達します。操作を7回繰り返すまでに（「反復」といいます），必ず6,174になるはずです。

　実際に4,793で確かめてみましょう。大きい順に並べ替えると9,743，小さい順に並べ替えると3,479となるので，9,743 − 3,479 = 6,264と求められます。さらに，6,264を並べ替えて計算すると6,642 − 2,466 = 4,176となり，もう一度繰り返すと7,641 − 1,467 = 6,174に到達します。はじめの4桁がすべて異なってさえいれば，どんな数でも同じ結果に収束するのです。もとの数に0が含まれていても同じです（0791など）。また，いったん6,174に到達すると，それ以降はどれだけ繰り返しても，7,614 − 1,467 = 6,174から変わることはありません。

　カプレカ定数は3桁の数でも成り立ちます。この操作を3桁の数で繰り返した場合は，必ず495に収束します。

14,316

28個組の社交数の1番目

　社交数とは，完全数や友愛数の発展形で（38ページと86ページ参照），約数の和に関係する数です。いくつかの数を一つの組としたときに，一つ目の数の約数を足し合わせると二つ目の数になり，二つ目の数の約数を足し合わせると三つ目の数になり……と続けていき，最終的に一つ目の数に戻るような場合，その組は社交数と呼ばれます。ベルギーの数学者ポール・プーレによって，1918年に発見されました。

　1,264,460で考えてみましょう。まず1,264,460の約数を足し合わせると，1,547,860と求められます。その約数を足し合わせると1,727,636となり，さらに繰り返すと1,305,184となります。最後にもう一度繰り返すと，もとの1,264,460に戻ります。

　このような四つの数で構成される社交数は，「4個組の社交数」と呼ばれます。ということは，1個組の社交数といった場合，その数の約数の和は自分自身になるので，完全数のことを指しています。2個組の社交数といった場合，それぞれの約数の和が他方に等しくなるので，友愛数のペアということです。3個組の社交数は発見されていませんが，先程のような4個組の社交数は225組あるとされています。

　最長といわれる社交数の組は，なんと28個もの数で構成されています。28個組の社交数は，14,316から始まり，14,316で終わります。

17,152

ストマッキオンパズルの解き方

　ストマッキオンのパズルとは，14個のピースに分かれた正方形のパズルです。遊び方はいろいろありますが，ばらばらにしたピースを組み合わせて，正方形に組み直すのが基本です。ストマッキオンのパズルの数学的な性質を初めて調べたのは，古代ギリシャの数学者アルキメデスであると考えられています。

　アルキメデスがストマッキオンを研究していたという事実は，幸運にも明らかになりました。そもそも，アルキメデス本人の原稿は一つも現存していません。10世紀の写本は残っていたものの，13世紀に聖書の文面で上書きされてしまい，内容が判別できなくなっていました。1998年から2008年にかけて，もとの写本を復元するプロジェクトが進められ，ようやく内容を解読できるようになったのです。

　パズルの話に戻りましょう。ピースを並べ替えて正方形をつくる場合，全部で17,152通りの組み合わせが考えられます。とはいえ，アメリカの数学者ビル・カトラーが2003年に指摘したとおり，単なる回転移動か対称移動のものを除くと，完全に異なる組み合わせは536通りだけです。変換も含めた17,152通りの組み合わせには，不思議な共通の性質があります。最初に正方形を12×12のマス目に分けてから，その上にピースを組み立てて，各ピースの角に位置するマス目に印をつけておきます。すると，残りの17,151通りの組み合わせでも，各ピースの角が必ずこの16か所の印に重なります。

　また，特定の隣り合ったペアが3組ない限り，パズルは絶対に完成しません（図の番号を参照）。

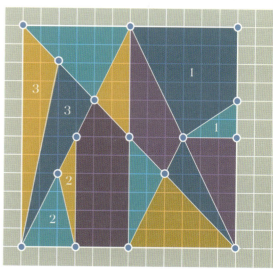

▲ 14ピースのストマッキオンは，現存する最古の数学パズルです。厳密には536通りの解き方があります。

20,000

人類史上はじめて素数が登場した年

ブリュッセルのベルギー王立自然史博物館には，信じがたい出土品が展示されています。1960年にアフリカのイシャンゴという地域で見つかった，2万年以上前のヒヒの腓骨です。現在のコンゴ民主共和国に当たるイシャンゴは，セムリキ川の流域にありました。人類の祖先はそこに集落をつくり，漁をしながら暮らしていましたが，火山の大噴火によって灰の下に埋もれてしまったといいます。

イシャンゴの骨は暗褐色をした道具なのですが，どこが珍しいかというと，全体にはっきりした刻み目が入っているのです。骨の側面には刻み目の列が三つ並んでいて，左側の列の刻み目は10から20までの素数（11，13，17，19）と一致しています。このことから，イシャンゴの骨は人類史上2番目に古い計算器具だと考えられています。ちなみに，最古の計算器具といわれる3万5千年前のレボンボの骨には，29か所の刻み目が入っていて，月の満ち欠けを追うために使われたものと推測されています。

▲ ブリュッセルのベルギー王立自然史博物館に展示されているイシャンゴの骨。2万年以上も前の骨に，素数を表す刻み目が入っています。

数学史研究者の間では，イシャンゴの骨の用途をめぐって解釈が大きく分かれています。イシャンゴの人々が素数の性質を認識していたという主張と，刻み目の数は単なる偶然だという主張。どちらも否定はできません。というのも，素数であることを認識するためには，その前に割り算の概念を理解しなければなりませんが，割り算の概念が生まれたのは紀元前1万年以降であるともいわれています。イシャンゴの骨に刻まれた数は確かに素数ではありますが，持ち主はその意味を知らなかったのかもしれません。

30,940

ポーカーのテキサスホールデムで
ロイヤルフラッシュがそろうオッズ

▲ ポーカーのロイヤルフラッシュは，10，ジャック，クイーン，キング，エースが同じマークでそろったときの役です。最もそろいにくいため，最も強い役になっています。

トランプゲームのポーカーでは，カードがそろう確率によって役の強さが決められています。世界で主流となっているテキサスホールデムというポーカーの場合，2枚の手札と5枚の場札を合わせた7枚のカードから，自由に5枚を組み合わせて役をつくります。「ロイヤルフラッシュ」という最も強い役をつくるには，10，ジャック，クイーン，キング，エースがすべて同じマークでそろわなければなりません。

ロイヤルフラッシュがそろうオッズを計算するには，7枚のカードで作成できる組み合わせの総数を求めてから，ロイヤルフラッシュになり得る組み合わせの総数を求めます。最後に，一つ目の結果で二つ目の結果を割ります。

確率論の分野では，大きな集合から部分集合を無作為に抽出するとき，次のような式で表します。

$$\binom{n}{r} = \frac{n!}{r!(n-r)!}$$

ここではポーカーのカードを抽出するので，nはゲームの開始時に使えるカードの総数（つまり52），rは最強の5枚を選ぶときに使えるカードの枚数です（つまり7）。このような計算式を「52個から7個を選ぶ組み合わせ」などといいます。記号!は階乗を表しますが，これはすでにご存知ですね（95ページ参照）。

それぞれの数を代入して電卓で計算してみると，52枚のデッキ（カード一組）から作成できる7枚の組み合わせは，133,784,560通りであることがわかります。ロイヤルフラッシュをつくる場合は，5枚のカードさえそろえば，ほかの2枚に何のカードが出ようと関係ありません。これは残りの47枚のどれでもいいということなので，「47個から2個を選ぶ組み合わせ」を計算すると4,324と求められます。つまり，ロイヤルフラッシュの5枚を含んでいる7枚のカードの組み合わせは4,324通りです。したがって，ロイヤルフラッシュがそろうオッズは4,324/133,784,560となり，これを計算すると0.000032となります。0.0032％や30,940対1でも意味は同じです。

44,488

5個連続で出現するハッピー数の1個目

　ここまでに多種多様な数をご紹介してきました。社交的だったり，友達思いだったり，不思議だったり，過剰だったり，吸血鬼になったり，ナルシシストになったり……。さらに，喜んだり悲しんだりする数も存在します。

　数の気分を確かめるには，その数の各桁を2乗してから足し合わせ，その結果の各桁を2乗して足し合わせ……と繰り返していきましょう。最終的には1に到達するか，一定のループにはまります。ループにはまって悲しんでいる数は「アンハッピー数」，きちんと1になれて喜んでいる数は「ハッピー数」と呼ばれます。

　たとえば28で試してみると，$2^2 + 8^2 = 68$，$6^2 + 8^2 = 100$，$1^2 + 0^2 + 0^2 = 1$ となることから，ハッピー数であることがわかります。1,000以下のハッピー数は全部で143個あります。また，500以下には全部で23個のハッピー素数（ハッピー数かつ素数）があります。

　ハッピー数は無限に存在していて，数が大きくなってくると，44,488，44,489，44,490，44,491，44,492のように，5個連続で出現するものもあります。現在判明している最大のハッピー素数は，同時にメルセンヌ素数でもあります（$2^{42643801} - 1$）。

　イギリスのSFドラマ『ドクター・フー』の「42」というエピソードには，宇宙船が星に衝突しそうになり，扉を慌てて開けようとするシーンがあります。その扉に入力するセキュリティコードとして，四つのハッピー素数（313，331，367，379）が使われていました。乗組員の中でハッピー数を知っていたのはドクターだけ。それを見たドクターは，「最近の学校では数学パズルを教えないの？」と嘆きました。

65,537

正65,537角形の辺の個数

　すでにご紹介したとおり, 多角形とは二次元平面図形です (36ページ参照)。直定規 (ものさしに似た道具) とコンパスで描ける場合, その多角形は「作図可能」であるといいます。たとえば, 正三角形, 正方形, 正五角形は作図可能ですが, 正七角形 (辺が7本) や正九角形 (辺が9本) は作図不可能です。

　一体どうして描けないのでしょう？　また, もっと多くの辺からなる多角形ならどうなのでしょうか？　ドイツの数学者カール・フリードリヒ・ガウス (70ページ参照) は, このような作図の問題に魅了され, 解明に取り組みました。1796年に正十七角形の作図可能性を証明したうえで, 1801年には, n 本の辺からなる多角形が作図可能であるための条件を提示しています。

　このガウスの仮説は1837年にフランスの数学者ピエール・ヴァンツェルによって証明されたため, ガウス＝ヴァンツェルの定理と呼ばれています。この定理によれば, 多角形をなす辺の本数が2の累乗とフェルマー素数 (0を含む) の積であるとき, その多角形は作図可能とみなされます。

　現在判明しているフェルマー素数は, 3, 5, 17, 257, 65,537の5個だけです (96ページ参照)。ガウスが証明した正十七角形は, $17 = 2^0 \times 17$ と表せるので, 作図可能ということになります。また, 65,537本の辺からなる多角形についても (正65,537角形といいます), $65{,}537 = 2^0 \times 65{,}537$ と表せることから, 直定規とコンパスで描くことができます。ただし, この図形は辺が多すぎるため, 円とほとんど区別がつかず, 円との差は10億分の15しかありません。

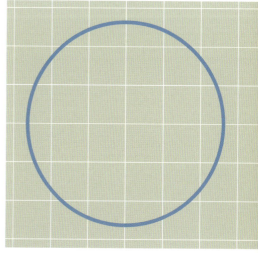

▲ ガウス＝ヴァンツェルの定理によれば, 正65,537角形は直定規とコンパスで作図できますが, 円との見分けはまずつきません。

85,900

2006年に発表された
巡回セールスマン問題の解法に含まれる目的地の数

　「時は金なり」という言葉は，現代の社会を反映しています。業務のスピードが上がると，稼げるチャンスも増えるので，どの業界でも時間の短縮が求められます。とくに宅配業者の場合は，少しでも早く配達できれば，1日に扱える荷物が多くなり，売上のアップに直結します。

　そういうわけで，やり手の宅配ドライバーたちは（その上司も）常に最適な配達ルートを探っています。すべての配達先を必ず一度ずつ訪れながら，最後に自宅に戻ることも考慮に入れて，最短距離で移動できる経路を求める――こうした巡回路探しの問題は「巡回セールスマン問題（TSP：Traveling Salesman Problem）」と呼ばれています。訪問営業のセールスマンたちも，宅配ドライバーと同じ問題を抱えているからです。アメリカの数学者ハスラー・ホイットニーが1930年代にそのように名づけて以降，広く知られるようになったのですが，起源は19世紀にさかのぼり，当時は「郵便配達問題」と呼ばれていました。

　TSP問題は「最適化問題」の一つで，最適な巡回路を求めます。最も単純な解き方は，いわゆる「総当たり」方式です。すべての巡回路を一つずつ調べて，その中から最短のものを選択しますが，簡単そうに見えてかなりの手間がかかります。宅配ドライバーになった自分を想像してみてください。1日に届ける荷物は10個だけだとして，すべての配達先を回れる最短ルートを求めたいとします。10か所の配達先をすべて訪れるときに選択できる経路の総数は，$(10-1)!$という式（つまり9の階乗）から362,880通りと求められます。一つの経路につき1秒で調べたとしても，最適な巡回路を見つけるまでには，100時間以上かかってしまいます。

総当たりを短縮する

　総当たり方式を改良したものが，ヘルド＝カープのアルゴリズムです。このアルゴリズムでは，目的地がnか所の巡回路問題を，$n^2 2^n$回のステップに分けて解いていきます。配達先は10か所でしたので，$10^2 \times 2^{10} = 100 \times 1{,}024 = 102{,}400$となり，102,400回のステップで解けることに

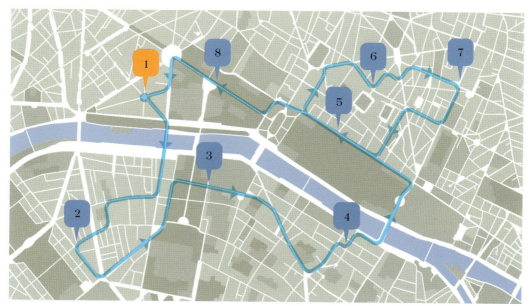

▲ 巡回セールスマン問題については，総当たり方式よりもよい経路は数学的に得られます。しかし，最適解を求める方法はまだ存在していません。

なります。総当たり方式のときに比べれば，調査の対象は3分の1まで減りました。

　実は，TSP問題の数学的な解法はまだ存在していません。どのような公式を使っても，最適な巡回路を特定できないのです。このような問題は「NP困難問題」と呼ばれていて，これに関連した難問には，クレイ数学研究所のミレニアム懸賞問題（153ページ参照）として100万ドルの懸賞金がかけられています。

　これほど難しい問題を解いてまで，最適な巡回路を見つける必要はないのかもしれません。コンピューターで問題を処理する時間や費用を考えれば，巡回路がどれほど短縮されたとしても，全体としての節約効果はなくなってしまいます。最短経路がわからなくても，短い方から上位5件や上位10％がわかれば十分でしょう。今日ではコンピューターアルゴリズムを使うことで，数百万か所の目的地を回るTPS問題についても，最適解にあと数％まで近づけるようになっています。アメリカの数学者ウィリアム・クックの研究チームは，2006年に，85,900か所を回る経路についての最適解を導き出しました。これは現在の最高記録です。

142,857

巡回数の出発点

142,857という数は，唯一の0で始まらない巡回数です。まずは，142,857が巡回数と呼ばれる理由を探ってみましょう。142,857に7の倍数以外の数を掛け合わせてから，末尾の6桁を切り離して，先頭に残った数と足し合わせてください。そうして得られた6桁の数をよく見てみると，142,857の各桁を並べ替えた数になっているはずです。

この手順を101で試してみましょう。142,857に101を掛けると142,857×101 ＝ 14,428,557となるので，末尾の6桁である428,557を切り離して，先頭に残った14に足します。その結果の428,571を並べ替えてみると，もとの142,857に戻せます。

101を選んだのには何か裏があるのでは……と思われないように，別の数でも確かめてみましょう。たとえば2,531を使ってみると，142,857×2,531 ＝ 361,571,067となり，末尾の571,067を先頭の361に足すと，571,428と求められます。これを並べ替えると，やはり142,857に戻りました。

この手順がどうしてうまくいくのかという理由（そして7の倍数を使えない理由）は，1/7という分数に関係しています。1/7を小数点に直すと0.142857142857142857…となり，小数点以下が巡回数の繰り返しであることがわかります。先程の手順で計算すると，小数点の位置をずらしているだけで，もとの6桁のかたまりは必ずどこかに残るのです。ただし，7の倍数を掛け合わせたときは，999,999となるので成り立ちません。

1,000,000

ポアンカレ予想を証明した
グリゴリー・ペレリマンが辞退した賞金

　20世紀が始まる頃，ダビット・ヒルベルトは新世紀に挑戦するべき数学問題を取りまとめました（54ページ参照）。21世紀の変わり目にも，数学者たちは似たような難問に挑むことになりました。しかし，今回の挑戦には莫大な報酬が用意されているのです。マサチューセッツ州ケンブリッジのクレイ数学研究所は，2000年に「ミレニアム懸賞問題」と題した数学上の七つの未解決問題を発表し，それぞれの問題に100万ドルの賞金をかけました。七つの問題の中には，100年前にヒルベルトが提案した問題（リーマン予想）も含まれています。

　それから今までに解決された問題はたった一つしかありません。ロシアの数学者グリゴリー・ペレリマン（154ページのコラム参照）が証明したポアンカレ予想です。ところが，ペレリマンは2010年にミレニアム賞も懸賞金も辞退して，数学界から姿を消してしまいました。「問題解決には過去の数学者たちが大きく貢献しているのだから，自分だけが評価されるのは不公平だ」と語っていたとされます。ペレリマンはポアンカレ予想の功績によって，フィールズ賞（136ページ参照）にも選ばれたの

▲ アンリ・ポアンカレ（1854～1912）は，1904年に，穴のない三次元形状は三次元球体と同相であると予想しました。

ですが，「金や名誉に興味はないし，動物園の希少種みたいな見世物にされたくない」として，この賞もやはり辞退しました。

　ポアンカレ予想とは，球体に関する定理です。位相幾何学を研究していたフランスの数学者アンリ・ポアンカレによって，1904年に提唱されました。ある図形の穴の個数を変えたり，切断したり，はり合わせたりせずに，別の図形につくり替えられるとき，その二つの図形は位相的に等しいとみなされます（これを「同相」といいます）。たとえば，正方形の各辺をグイッと押しつぶせば（「連続変形」といいます），三角形につくり替えられるので，正方形と三角形は同相だといえます。一方，球体とドーナツ型の立体（「トーラス」といいます）は同相ではありません。球体をドーナツ型につくり替えるには，平たくつぶしてから真ん中に穴をあける必要があるからです。位相幾何学の対象は，このような二次元や三次元の図形だけにとどまりません。「穴のない三次元図形は，三次元球体と同相である」という定理がポアンカレ予想です。

　ポアンカレ予想の証明は，フェルマーの最終定理の証明（139ページ参照）と並んで，数学の現代史で最大の偉業に数えられます。そして，ヒルベルトの問題とミレニアム懸賞問題の両方に含まれる問題——リーマン予想——を証明できたなら，さらに偉大な歴史的快挙となることでしょう。

グリゴリー・ペレリマン（1966～）

　2003年のこと。37歳のグリゴリー・ペレリマンはポアンカレ予想についての論文を発表し，数学界を大いに盛り上げました。この論文は数か月にわたって検証され，すべての文章と方程式の細部まで分析されて，最終的には，超難問の証明に成功したことが認められたのです。誰もがペレリマンの偉業を絶賛し，フィールズ賞とミレニアム賞にも選ばれましたが，ペレリマンはことごとく辞退してしまいました。

　ペレリマンは，レニングラード（現サンクトペテルブルク）で生まれました。彼の母親は，息子のために自身の数学研究をあきらめて，自宅で数学を教えました。ペレリマンはポアンカレ予想を証明した後，数学の表舞台を去って，故郷で母親と暮らしているという噂です。数学の研究を続けているかどうかはわかっていません。

素数を捜索する

　ドイツの数学者ベルンハルト・リーマンが提唱したリーマン予想とは，素数の分布に関する理論です。本書の中でも，すべての素数を見つけ出す方程式を考案しようとする数学者たちの試みを紹介してきました。ミルズ定数（14ページ参照）やフェルマーの予想（96ページ参照）などのアイデアは，一部の素数を生成できるので，部分的には成功と言えるのかもしれません。

　1859年に，リーマンは「ゼータ関数」という数学分野を研究していました。関数というのは，ある数を別の数に置き換える数学的機械ととらえることができます。たとえば，$x^2 + 1$ は関数の一つであり，ここに1を入力すると2が，2を入力すると5が得られます。

　リーマンは，ゼータ関数に入力すると0になる値

▲ ベルンハルト・リーマン（1826 〜 1866）は，素数の分布の謎を解き明かしたはずでしたが，その仮説はいまだに証明されていません。

について，興味深い性質を発見しました。そのような値をグラフにすると，すべてが特定の直線上に現れるのです。リーマンは，この性質には秘められた意味があると考えました。そして，0となる入力値と素数の関係に着目し，入力値の並び方に法則があるとすれば，素数の並び方にも同様の法則があるはずだと推測しました。要するにリーマン予想とは，「ゼータ関数に入力すると0が得られる値は，すべて特定の直線上に存在する」という仮説です（ただし，リーマン自身が見つけたいくつかの例外を除いて）。

　現在はコンピューターの助けを借りられるので，ゼータ関数に入力すると0になる数十億個の値について，そのすべてが特定の直線上に現れることが判明しています。もっとも，そうでない値が存在しないという証明にはならないのですが。

4,937,775

最初に発見されたスミス数

　数学者にとってのインスピレーションは，思いも寄らないところから降ってきます。ラマヌジャンとハーディがタクシーのナンバーからひらめきを得たように（117ページ参照），アメリカの数学者アルバート・ウィランスキーは電話帳から，ある洞察を得ました。

　あるとき，ウィランスキーは義理の兄のハロルド・スミスに連絡しようとしましたが，電話番号が手元になかったため，電話帳で調べることにしました。番号を見つけて「493-7775」と書きとめてから，ふと見直してみたところ，特殊な性質を持つことに気がつきました。素因数に分解してから各桁を足し合わせた数が，もとの数の各桁を足し合わせた数と等しくなるのです。

　ウィランスキーが最初に発見したスミス数は，電話番号の4937775でしたが，もちろんそれ以外のスミス数も存在します。まずは，わかりやすい小さなスミス数を使って，その性質を確かめてみましょう。たとえば，58を素因数分解すると2×29となり，その各桁の和は$2 + 2 + 9 = 13$となります。さらに，もとの各桁の和は$5 + 8 = 13$となるので，58はスミス数ということです。265でも試してみると，素因数は5×53なので各桁の和は$5 + 5 + 3 = 13$となり，265自身の各桁の和は$2 + 6 + 5 = 13$となることから，こちらもやはりスミス数です。

　一応，スミス家の電話番号も見ておきましょう。素因数は$3 \times 5 \times 5 \times 65{,}837$，その各桁の和は$3 + 5 + 5 + 6 + 5 + 8 + 3 + 7 = 42$，もとの各桁の和は$4 + 9 + 3 + 7 + 7 + 7 + 5 = 42$となります。

381,654,729

先頭の n 桁を n で割り切れるパンデジタル数

　381,654,729という数には，とても面白い性質があります。まず目立つのは，9桁の中に1から9までのすべての数が1回ずつ使われている点です。このような数をパンデジタル数といいます。しかし，381,654,729を念入りに調べると，もっと不思議な性質を持っていることがわかります。

　先頭の桁から区切るようにして，1桁から9桁までのまとまりをつくると，すべてのまとまりがその桁数で割り切れるのです。

　たとえば，先頭の3は1で割り切れますし，先頭の2桁の38は2で割り切れます。表に示したとおり，それ以降のまとまりも同じように割り切れます。

　381,654,729ほど面白い性質ではないにしても，パンデジタル数そのものは無限に存在しています。たとえば，9桁のパンデジタル数の個数を知りたい場合は，9個の対象物を異なる順序で並べるときの総数を求めればいいので，$9! = 9 \times 8 \times 7 \times 6 \times 5 \times 4 \times 3 \times 2 \times 1 = 362,880$個となります。

まとまり	まとまりの桁数	まとまり÷桁数
3	1	3
38	2	19
381	3	127
3,816	4	954
38,165	5	7,633
381,654	6	63,609
3,816,547	7	545,221
38,165,472	8	4,770,684
381,654,729	9	42,406,081

18,446,744,073,709,551,615

チェス盤のトリックで必要になる米粒数

　　チェス盤と米粒の問題は，大昔から語り継がれている数学問題です。この逸話が登場する最古の文献は，1000年以上前のペルシャの詩人フェルドウスィー（935 ～ 1025）が著した叙事詩だといわれています。物語はこんな内容です。

　　古代のある王国で，寛大で公平な国王が亡くなりました。富や権力を振りかざすことなく，慎ましい人柄の国王に代わって，似ても似つかない息子が王位を継ぐことになりました。浪費家の息子が財産を湯水のように使うことはわかりきっています。亡き王の側近は，浅はかで無責任な新王に不安を覚え，ちょっとしたお灸をすえておこうと一計を案じました。

　　折しも，国王がはじめてのチェス大会を開くことになったため，側近はこれを利用することにしました。大会に参加して優勝した側近は，「何でも望みの褒美をとらせよう」という国王に，こう申し出ました。「チェス盤を1枚と，米粒だけで十分です。1日目には1マス目に米を1粒，2日目には次のマス目に2粒，3日目には4粒と，最後のマス目が埋まるまで日ごとに倍ずつの米粒をいただきたい」。若く未熟な国王は，それっ

▼ それぞれのマス目を埋めるのに必要な米粒の数。アルファベットは10の累乗倍を表します（K＝千，M＝百万，G＝十億，T＝一兆，P＝千兆，E＝百京）。

							128
256	512	1024	2048	4096	8192	16384	32768
66536	131K	262K	524K	1M	2M	4M	8M
16M	33M	67M	134M	268M	536M	1G	2G
4G	8G	17G	34G	68G	137G	274G	549G
1T	2T	4T	8T	17T	25T	70T	140T
281T	562T	1P	2P	4P	9P	18P	36P
72P	144P	288P	576P	1E	2E	4E	9E

ぽっちでいいのかと面食らいながらも，深く考えずに快諾しました。これこそ側近の思うつぼでした。チェス盤の最後の1マスを埋める64日目までには，なんと 18,446,744,073,709,551,615 個の米粒が必要になるのです。米粒を用意できなかった国王は，側近に多額の借りをつくることになりました。

　この米粒がどれほどの量かというと，積み上げればエベレストの高さを超えますし，現在の年間生産量の1,000倍以上に相当します。この物語は，数学をおろそかにして直感を信用するとろくなことにならない，という教訓にもなりますね。もしも新王が等比数列に詳しかったら，側近の意図を見抜くことができたでしょう。

数学の威力

　米粒の総数 T を計算する場合，次のような数列を使います。

$$T = 1 + 2 + 4 + 8 + 16 + \cdots$$

　隣り合う項の比が常に一定なので（この例では2），こうした数列は等比数列と呼ばれます。ちなみに，各項が一定数ずつ増えていく数列は等差数列と呼ばれます。たとえば，$1 + 2 + 3 + 4 + 5 + \cdots$という等差数列では，隣り合う項の差が常に1になっています。

　米粒の等比数列のそれぞれの項は，2の累乗でも表せます。

$$T = 2^0 + 2^1 + 2^2 + 2^3 + 2^4 + \cdots$$

　この数列ではすべての項を書き出していますが，大文字のシグマを使って簡潔に表せます（ギリシャ文字 Σ を「シグマ」と読みます）。Σ を使うと次のようになります。

$$\sum_{i=0}^{63} 2^i$$

　記号 Σ はすべての項を足し合わせるという意味で，すべての項とは 2^i のことを指しています。Σ の下にある $i = 0$ は，i に代入する最初の値が0という意味で，Σ の上にある63は，最後の値が63という意味です。つまり，$i = 0$ から63まで値を1ずつ増やしていきます。チェス盤には64個のマス目がありますが，数列は $i = 0$ から始まっているので，最後の i を63とすることで第1項を1とすることができます。

357,686,312,646,216,567,629,137

最大の切り捨て可能素数

　切り捨て可能素数とは，端から数字を一つ取り除くたびに，新しい素数を生み出す素数です。左端からでも右端からでもかまいませんが，左右交互に取り除くことはできません。また，いずれかの桁に0を含んでいる素数は，この性質を持っていたとしても，切り捨て可能素数とは呼ばれません。左端を切り捨てられるものを「左切り捨て可能素数」，右端を切り捨てられるものを「右切り捨て可能素数」といいます。

　たとえば，2,339は素数です。その末尾の桁を切り捨てると，素数の233が得られます。その末尾を切り捨てた23も素数，さらに切り捨てた2もやはり素数です。したがって，2,339は右切り捨て可能素数ということになります。右切り捨て可能素数は全部で83個あり，最大のものは73,939,133です。

　一方，左切り捨て可能素数は，それよりもはるかに多い4,260個あり，最大のものは357,686,312,646,216,567,629,137です（確認はお任せします）。

　また，両方の性質を持った素数も15個存在しています。つまり，左端を切り捨てても，右端を切り捨てても，残りが素数になるということです。最大の「両側切り捨て可能素数」は739,397です。左端を切り捨てていくと39,397，9,397，397，97，7となり，右端を切り捨てていくと73,939，7393，739，73，7となります。もちろんすべて素数です。

10^{100}

グーゴル

　現代の暮らしとグーグルは，切っても切れない関係にあります。グーグルという語は世界で最も有名な企業を指すだけでなく，インターネットの情報検索を意味する動詞にもなっています。実は，その企業名はグーグルという数学用語から生まれました。グーグルとは，1の後ろに100個の0が並んだ量のことで，9歳の少年が創作した単語です。1920年に，アメリカの数学者エドワード・カスナーが甥のミルトン・シロッタと雑談していたときに，新しい単位に合った名前を聞いてみたところ，グーグルと答えたそうです。1940年にカスナーが『Mathematics and the Imagination（数学と想像力）』の中で紹介して以降，単位として広く知られるようになりました。

　グーグルの共同創業者であるラリー・ペイジとセルゲイ・ブリンは，独自のインターネット検索エンジンを開発し，「BackRub（バックラブ）」という通称で呼んでいました。その正式名を検討している際に，ふさわしい名前として目をつけられたのがグーグルでした。検索エンジンには膨大なデータが記録されることから，膨大な量を意味するグーグルが選ばれたというわけです。ところが，ちょっとしたミスでスペルが変わってしまいました。ペイジとブリンのオフィスには，スタンフォード大学の友人でもあるショーン・アンダーソンがいましたが，「googol.com」のドメインが使えるかどうかを調べるときに，アンダーソンがうっかり「google.com」で検索してしまい，結局，そちらが採用されることになったといわれています。

　最近では，あまりにも巨大な数が当たり前になりつつあり，大きさをたとえるのも天文学的規模になりつつあります。たとえば，1からグーグルまでを声に出して数えていったら，宇宙の年齢よりも長い歳月がかかることになるでしょう。

$2^{21,701} - 1$

25番目のメルセンヌ素数

　素数探しに挑戦するのは，著名な研究大学の数学に没頭する教授だけだと思っていませんか？　1978年11月14日に，「アメリカの18歳の高校生二人が25番目のメルセンヌ素数を発見」というニュースが報じられました。6,533桁のメルセンヌ素数はそれまでの最長記録であり，18歳という年齢もメルセンヌ素数の発見者としては最年少記録です。二人の快挙はテレビで全米に伝えられ，『ニューヨーク・タイムズ』紙の一面でも取り上げられました。

　ローラ・ニッケルとランドン・カート・ノルは，メルセンヌ素数の研究にあたって，カリフォルニア州立大学の数学科から資料を集めました。また，同大学の汎用コンピューターを借り，通常処理の合間をぬって，メルセンヌ素数検索のプログラムを実行させてもらいました。実行時間は合計で440時間に及び，メルセンヌ素数を特定した後にも，間違いなく素数だと証明するまでには3年かかりました。

▲ランドン・カート・ノル（1960～）は，18歳の若さで当時最大の素数を共同発見しました。

　二人の共同研究はこれが最後となりましたが，ノルはその後も素数探しに挑み続けています。同じ手法で26番目のメルセンヌ素数である $2^{23,209} - 1$（13,395桁）を発見した後，シリコングラフィックスに入社して研究を続けました。シリコングラフィックスは，この十数年後にGIMPS（グレートインターネットメルセンヌ素数探索）プロジェクト（次のページを参照）に協力し，メルセンヌ素数の記録更新に貢献した企業です。

$2^{74,207,281} - 1$

現在判明している最大の素数

　2016年の時点で判明している最大の素数は $2^{74,207,281} - 1$ です。桁数でいうと，22,338,618桁もの長さになります。この数字を1桁につき1秒で読み上げるとしたら，最後の桁にたどり着くまでには，9か月以上も延々と読み続けなければなりません。

　この49番目のメルセンヌ素数（前のページを参照）は，セントラルミズーリ大学のカーティス・クーパー博士によって，2015年9月17日に発見されました。正確にいうと，クーパー博士のコンピューターにインストールされたGIMPSのソフトウェアによって発見されました。GIMPS（グレートインターネットメルセンヌ素数探索）とは，参加者のコンピューターを一つのシステムとしてつなぎ，稼働時間外の処理能力を活用して，メルセンヌ素数を探すというプロジェクトです。49番目が特定された際には，36万台以上のCPU上で，毎秒150兆回の演算が実行されていたそうです。GIMPSのシステムは，高性能コンピューターの世界ランキングで常に500位以内に入っています。自分のコンピューターで新しい素数が発見された場合には，最大で5万ドルの賞金を受け取れます。また，10億桁の素数を発見した団体や個人に対しては，電子フロンティア財団からも25万ドルの賞金が贈られることになっています。

　アメリカの情報工学者ジョージ・ウォルトマンが1996年にGIMPSを設立して以来，十数個のメルセンヌ素数が発見されていて，その多くが最長記録を更新しています。素数かどうかの判定には，エドゥアール・リュカ（91ページ参照）の判定法をもとにしたリュカ＝レーマーテストが用いられています。

$10^{10^{10^{34}}}$

スキューズ数

　ここまで読んでくればお気づきだと思いますが，数学者というのは，素数と，素数のつくり方と，素数が現れるパターンに取りつかれた人々です。ですから，G・H・ハーディ（116ページ参照）が言うところの「数学的に明確な意味を持つ最大の数」に素数が関係していると聞いても，もうそれほど驚かないでしょう。素数に関係するその数は，スキューズ数と呼ばれています。

　スキューズ数と素数の関係を見る前に，素数の分布を大まかに知っておく必要があります。ある数を基準にして，それ以下の素数の個数を表すときには，$\pi(x)$という関数が使われます。たとえば，100以下の素数は25個ありますから，$\pi(100)＝25$と表せます。ちなみに，このπは単なる記号ですので，円とはまったく関係ありません。

　ここで一つ問題が生じます。$\pi(x)$に対応する関数$f(x)$が存在しないため，xに値を代入して正しい解を得ることができないのです。そこで，カール・フリードリヒ・ガウス（70ページ参照）が考案した関数を使うことで，$\pi(x)$の近似的な解を求めることになります。ガウスの関数$li(x)$は，自然対数（104ページ参照）を含んだ積分（110ページ参照）を計算するものです。xの値が大きくなるほど，$li(x)$が$\pi(x)$に近似していくのですが，長い間，近似解の方が必ず大きくなるものと推測されていました。つまり，$li(x)$の値が$\pi(x)$の値を常にやや上回るということです。$li(x)$と$\pi(x)$の関数をグラフにしてみると，$li(x)$の方が常にわずかに上に描かれて，決して二つが交わることはない……と長年信じられてきたのです。

　1914年に，イギリスの数学者ジョン・リトルウッドは，二つの関数の交わる点が存在すること，しかも，無限に大小が入れ替わることを証明しました。ただし，最初に入れかわる点のxの値までは特定できませんでした。1933年に，南アフリカ出身でリトルウッドの教え子の数学者スタンレー・スキューズは，リーマン予想（155ページ参照）が正しいと仮定したうえで，この点のxの上限値を特定しました。

　スキューズによれば，xの値が$e^{e^{e^{79}}}$以下のときに最初の入れ替わりが起こります。このeはオイラー数なので（22ページ参照），十進法に置き換えると，まさに桁外れの$10^{10^{10^{34}}}$となります。

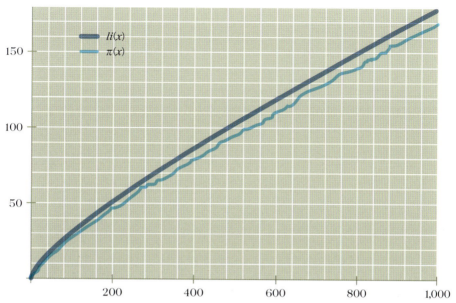

▲ 関数li(x) の近似解は関数π(x) の解より常に大きいと考えられていましたが，スタンレー・スキューズに
よって，二つの関数が最終的に交わる点が特定されました。

この膨大な数を紙の上に手書きするとしたら，どれほどのインクが必要になるでしょうか？　全
宇宙の原子をインクに変えたとしても，途中で足りなくなってしまいます。1グーゴル個の宇宙
があっても，グーゴル×グーゴル個でも，グーゴル×グーゴル×グーゴル個でもまだ足りません。
グーゴルを10^{31}回掛けた個数の宇宙があれば，インクに必要な原子を確保できるので，かろうじ
てスキューズ数を書き終えることができます。

　ところで，リーマン予想が正しくないと仮定した上限値についても，1955年にスキューズに
よって特定されました。こちらのxの値は$e^{e^{e^{e^{7.705}}}}$です（十進法では$10^{10^{10^{964}}}$です）。ますます巨
大になりましたが，それでも次に紹介する数に比べれば大したことはありません。

（第1段階が3↑↑↑↑3）

グラハム数

　とうとう，かつてギネスブックに載った世界最大の数にまでたどり着きました。本書の中で，巨大すぎてタイトルに書けないなんて，この数だけです。アメリカの数学者ロン・グラハムは，1970年代に組み合わせ論の一分野であるラムゼー理論を研究する中で，この数を定義しました。

　正方形を思い浮かべて，4個の頂点を6本の線分で結んでみてください。赤と青の2色を使えるので，そのどちらかで線分を描きます。すべての線分が同じ色にならないように，6本の線分を塗り分けることは可能でしょうか？　問題がやさしすぎますね。答えはもちろん「可能」です。何本かを赤で描いて，何本かを青で描けばいいだけです。これらの線分を1色だけで描いた正方形を「十字ボックス」とでも名づけましょう。グラハムの研究の対象は，「図形の次元が上がっていっても，単色の十字ボックスが現れないように塗り分けることは可能か」という問題でした。

　今度は立方体を思い浮かべてみましょう。8個の頂点を28本の線分で結ぶことになります。赤と青だけを使いながら，立方体の中に単色の十字ボックスが現れないように，28本の線分を塗り分けることは可能でしょうか？　これも答えは「イエス」です。さらに次元が上がると「超立方体」という図形になりますが，それでも塗り分けることは可能です。12次元までの超立方体については，単色の十字ボックスを避け続けられますが，13次元以上の超立方体で可能かどうかはわかっていません。

　グラハムは，特定の次元の超立方体には単色の十字ボックスが必ず現れると考え，それが成り立つ次元数の上限を導き出しました。それがグラハム数です。グラハム数はあまりに大きすぎるため，従来の

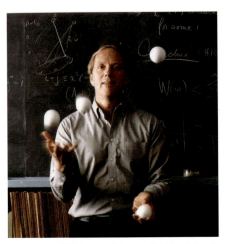

▲ アメリカの数学者ロン・グラハム（1935〜）は，ラムゼー理論という数学分野の研究中に，きわめて巨大な数を発見しました。

表記法では書き表せません。そこで，新しく発明された表記法——1976年にアメリカの数学者ドナルド・クヌースが考案した「矢印表記」——を利用します。矢印表記を用いると，グラハム数の第1段階を$3\uparrow\uparrow\uparrow\uparrow3$と表せるようになります。

　まずは，小さな数から考えてみましょう。$3\uparrow3$は，単純に3^3を表すので，27となります。$3\uparrow\uparrow3$は，$3\uparrow(3\uparrow3)$と書き換えられるので，$3^{(3\uparrow3)}=3^{27}=7{,}625{,}597{,}484{,}987$と求められます。

　ここから先は一気に大きくなります。$3\uparrow\uparrow\uparrow3=3\uparrow\uparrow(3\uparrow\uparrow3)=3^{7,625,597,484,987}$となり，これを計算すると3兆6,000億桁の数になります。現在判明している最大の素数（163ページ参照）と比べても，圧倒的に巨大な値です。これを1桁につき1秒で読み上げるとしたら，息つぎなしで読み続けても，10万年以上かかってしまいます。ということは，$3\uparrow\uparrow\uparrow\uparrow3$がどれほどの大きさか，何となくわかるのではないでしょうか。もはや人間の想像を超えていますが，これはまだグラハム数ではありません。

　$3\uparrow\uparrow\uparrow\uparrow3$が何を意味しているかというと，3と3の間に「$3\uparrow\uparrow\uparrow\uparrow3$」個の矢印を置いてから，グラハム数の計算を始めよということです。3と3の間に「$3\uparrow\uparrow\uparrow\uparrow3$」個の矢印を置いたとき，その計算の結果は$g_1$になります。さらに，3と3の間に$g_1$個の矢印を置いて$g_2$を求めて，3と3の間に$g_2$個の矢印を置いて$g_3$を求めて……という計算を64回繰り返し，最終的に$g_{64}$まで求めます。ようやくたどり着いたこの数こそがグラハム数です。グラハム数とは，3と3の間にg_{63}個の矢印を持っている数のことです。

無限大

　数学の本であるからには，無限大に触れないわけにはいきません。無限大は厳密にいうと数ではなく，限りがないという概念です。とはいえ，この概念は数学的に重要な意味を持っています。無限大を表す記号∞は，「レムニスケート」とも呼ばれていて，17世紀の中頃にイングランドの数学者ジョン・ウォリスによって使われはじめました。ただし，何かが永遠に続いていくという概念は，ウォリスから2000年以上さかのぼり，古代ギリシャや古代インドの数学者たちにも知られていました。

　無限という概念がどこから生まれたかは容易に推測できます。1から順に数え上げていくとき，1を足すと次の数になり，また1を足すと次の数になり……と，いくらでも数え続けられるので，数が限りなく続くことは誰でもすぐに気がつくはずです。

　しかし，無限については耳を疑うような驚くべき事実も明らかになっています。というのは，大きさが異なるいくつもの無限が存在するというのです。この考えの正しさは，ドイツの数学者ゲオルク・カントールが，集合論という数学分野を使って，1891年に証明しました。

奇妙なホテル

　ダビット・ヒルベルト（55ページ参照）が考え出した有名なたとえ話は，大きさの異なる無限が存在することが，いかに直感に反するかをうまく表現しています。「ヒルベルトのホテル」は，こんなパラドックスです。ヒルベルトホテルの部屋数は無限ですが，その日はあいにく満室でした。そこに，一晩滞在したいという新しい客がやってきました。この人を泊めることはできるでしょうか？　部屋数が限られている普通のホテルなら明らかに泊められませんが，部屋数が無限のヒルベルトホテルは違います。支配人は空室をつくるために，1号室の宿泊客に2号室に移ってもらい，2号室の宿泊客に3号室に移ってもらい，残りの部屋の宿泊客にも一つずつ部屋を移動してもらいました。ヒルベルトホテルは無限大なので，すべての宿泊客が滞在したままでも，

ゲオルク・カントール（1845～1918）

　ゲオルク・フェルディナント・ルートヴィッヒ・フィリップ・カントールは，集合論の研究でよく知られています。6人の子どもの長男としてロシアで生まれ，11歳でドイツに移り住みました。ヴァリー・グートマンとの結婚後，生家の家族構成と同じように，6人の子どもを授かりました。

　スイスでの休暇中，ドイツの数学者リヒャルト・デーデキントと知り合い，生涯にわたる交流が始まりました。14歳年上のデーデキントとたびたび意見を交わしたことが，カントールの発想の源となり，研究の発展につながりました。

　集合論についてのカントールの研究は，今でこそ高く評価されているものの，あまりに抽象的でとらえどころがないため，当時の数学者たちからは疑問視されていたようです。ポアンカレ予想で有名なアンリ・ポアンカレ（153ページ参照）は，カントールの理論を病にたとえました。

　カントールはうつ病を患っていたことでも知られ，1884年にはじめて発作を起こしてから，再発を繰り返したといわれています。1913年に引退し，1918年1月6日に療養所で亡くなりました。

新しい客を1号室に入れられます。

　それでは，無限の人数の団体客がやってきたらどうなるでしょう？　答えは簡単です。各部屋の宿泊客に2倍の客室番号の部屋に移ってもらえば（1号室から2号室，2号室から4号室，3号室から6号室など），奇数番号の部屋がいっせいに空室になって，団体客の全員を泊められるのです。

参考文献

書籍

アレックス・ベロス著『Alex's Adventures in Numberland』Bloomsbury Paperbacks, 2011年

アレックス・ベロス著『Alex Through the Looking Glass：How Life Reflects Numbers, and Numbers Reflect Life』Bloomsbury Paperbacks, 2015年

ジョン・ハイ, ロブ・イースタウェイ共著『Beating The Odds：The Hidden Mathematics of Sport』Robson Books, 2007年

チャールズ・ザイフ著『Zero：The Biography of a Dangerous Idea』Souvenir Press, 2000年

ブライアン・クレッグ著『A Brief History of Infinity：The Quest to Think the Unthinkable』Robinson, 2003年

ヘイレイ・バーチ, ムン・キート・ローイ, コリン・スチュアート共著『The Big Questions in Science：The Quest to Solve the Great Unknowns』Andre Deutsch, 2013年

ポール・グレンディニング著『Math in Minutes：200 Key Concepts Explained in an Instant』Quercus, 2012年

マット・パーカー著『Things to Make and Do in the Fourth Dimension』Penguin, 2015年

リチャード・ブラウン著『30-Second Maths：The 50 Most Mind-Expanding Theories in Mathematics, Each Explained in Half a Minute』Icon Books, 2012年

イアン・スチュアート著『世界を変えた17の方程式』水谷淳訳, ソフトバンククリエイティブ, 2013年

キース・デブリン著『興奮する数学——世界を沸かせる7つの未解決問題』山下純一訳, 岩波書店, 2004年

サイモン・シン著『フェルマーの最終定理——ピュタゴラスに始まり, ワイルズが証明するまで』青木薫訳, 新潮社, 2000年

サイモン・シン著『数学者たちの楽園：「ザ・シンプソンズ」を作った天才たち』青木薫訳, 新潮社, 2016年

ジョーダン・エレンバーグ著『データを正しく見るための数学的思考』松浦俊輔訳, 日経BP社, 2015年

スティーヴン・ストロガッツ著『xはたの（も）しい：魚から無限に至る, 数学再発見の旅』冨永星訳, 早川書房, 2014年

ダニエル・タメット著『ぼくと数字のふしぎな世界』古屋美登里訳, 講談社, 2014年

デイヴィッド・ウェルズ著『数の事典』芦ケ原伸之, 滝沢清訳, 東京図書, 1987年

マーカス・デュ・ソートイ著『素数の音楽』冨永星訳, 新潮社, 2005年

ユークリッド著『ユークリッド原論』中村幸四郎訳, 共立出版, 1971年

ユージニア・チェン著『数学教室πの焼き方：日常生活の数学的思考』上原ゆうこ訳, 原書房, 2016年

レナード・ムロディナウ著『ユークリッドの窓：平行線から超空間にいたる幾何学の物語』青木薫訳, NHK出版, 2003年

ロブ・イースタウェイ, ジェレミー・ワインダム共著『数学で身につける柔らかい思考力—ビジネスと日常の疑問が解ける!』水谷淳訳, ダイヤモンド社, 2003年

お役立ちウェブサイト

アレックス・ベロスの数学パズル
www.theguardian.com/profile/alexbellos

アメリカ数学会
www.ams.org

Ars Mathematica
www.arsmathematica.net

クレイ数学研究所
www.claymath.org

偉大な数学者たち
www.famous-mathematicians.com

英国応用数学研究所
www.ima.org.uk

国際数学連合
www.mathunion.org

マックチューター数学史アーカイブ
www-history.mcs.st-and.ac.uk

Math Central
mathcentral.uregina.ca

Math TV
www.mathtv.com

Maths Careers
www.mathscareers.org.uk

Mathscasts
www.sites.google.com/site/mathscasts

Mathway
www.mathway.com

NRICH
www.nrich.maths.org

Numberphile
www.numberphile.com

Plus
plus.maths.org

TED
www.ted.com/topics/math

アーベル賞
www.abelprize.no

ヨーロッパ数学会
www.euro-math-soc.eu

フィールズ賞
www.mathunion.org/imu-awards/fields-medal

ロンドン数学会
www.lms.ac.uk

英国オペレーショナルリサーチ学会
www.theorsociety.com

英国王立統計学会
www.rss.org.uk

Wolfram Alpha
www.wolframalpha.com

クレジット

▌著者

コリン・スチュアート／Colin Stuart

英国王立天文学会会員。天体物理学と科学コミュニケーションの学位を持つ。BBC Focus，CNN.com，欧州宇宙機関，英国物理学会，ガーディアン，ロンドン数学会など，多くの媒体や機関に記事を寄稿している。

▌監訳者

竹内 淳／たけうち・あつし

早稲田大学先進理工学部教授。理学博士。1960年，徳島県生まれ。大阪大学大学院基礎工学研究科修了。「高校数学でわかるフーリエ変換」（講談社ブルーバックス）など，数学と物理学の解説書を多数執筆。

▌訳者

赤池ともえ／あかいけ・ともえ

東京都出身，在住。イギリス・バース大学大学院通訳翻訳修士課程修了。電機メーカーやIT企業で翻訳に従事したあと独立し，翻訳者としてさまざまな分野の翻訳を手がけている。

数学が好きになる
数の物語100話

2020年10月15日発行

著者	コリン・スチュアート
監訳者	竹内 淳
訳者	赤池ともえ
翻訳協力	Butterfly Brand Consulting
編集協力	松川琢哉
編集	道地恵介
表紙デザイン	岩本陽一
発行者	高森康雄
発行所	株式会社ニュートンプレス
	〒112-0012　東京都文京区大塚 3-11-6

© Newton Press 2020　Printed in Korea
ISBN 978-4-315-52279-2